高等数学

同步作业与训练(上册)

主　编　韩慧蓉　周　千
副主编　李文胜

同济大学出版社
TONGJI UNIVERSITY PRESS

内 容 提 要

本书是参照教育部高等院校“工科类数学基础课程教学基本要求”以及西安航空学院教学的实际情况，结合教师多年的教学经验编写而成. 全书分上下两册，共 8 章. 针对普通应用型本科院校本科生的特点，精选每一节的习题，既能保证对知识点的全面覆盖，又考虑了各种题型的广泛性与代表性. 每章按照每小节一套习题，每章结束有一套复习题的形式进行编写，书的最后附有期末考试模拟试题，通过对这些题目的分析解答，读者能更好地掌握知识点和提高综合解题能力.

本书可作为普通应用型本科院校、大学独立院校本科生学习高等数学的同步习题教材，也可供从事高等数学教学的教师安排学生练习和考试使用，还可供报考硕士研究生或自学高等数学的广大读者参考.

图书在版编目(CIP)数据

高等数学同步作业与训练：全两册 / 韩慧蓉，周千主编. —上海：同济大学出版社，2018.8

ISBN 978-7-5608-8014-3

Ⅰ.①高… Ⅱ.①韩… ②周… Ⅲ.①高等数学—高等学校—习题集 Ⅳ.①O13-44

中国版本图书馆 CIP 数据核字(2018)第 156475 号

高等数学同步作业与训练(上册)

主编 韩慧蓉 周千 **副主编** 李文胜

责任编辑 张崇豪 张智中 **责任校对** 徐春莲 **封面设计** 陈益平

出版发行 同济大学出版社 www.tongjipress.com.cn

(上海市四平路 1239 号 邮编：200092 电话：021-65985622)

经　销 全国各地新华书店

排　版 南京新翰博图文制作有限公司

印　刷 常熟市大宏印刷有限公司

开　本 787 mm×1 092 mm 1/16

印　张 14.75

字　数 368 000

版　次 2018 年 8 月第 1 版 2018 年 8 月第 1 次印刷

书　号 ISBN 978-7-5608-8014-3

定　价 45.00 元(全 2 册)

前　言

本书是参照教育部高等院校“工科类数学基础课程教学基本要求”以及西安航空学院教学的实际情况，结合编者多年的教学经验编写而成.

随着科学技术的迅猛发展，数学正日益成为科学研究的重要手段和工具.高等数学是近代数学的基础，是理、工科各专业学生的必修课，也是在现代科学技术、经济管理、人文科学中应用最广泛的一门课程.因此，学好这门课程对学生今后的发展是至关重要的.在教学实践中，我们深切体会到一本好的习题书对于加强学生对概念的理解、巩固所学知识、熟练掌握基本的计算方法、提高分析问题和解决问题的能力是非常重要的，同时对于提高教学质量也起着不可忽视的作用.习题的难易程度尤其重要，过难或者过于简单都不利于调动学生的积极性.因此，本书的习题在编排过程中，遵循以下原则：

1. 注重对基本概念、基本知识的考查；

2. 习题形式丰富、注重题型多样性；

3. 难度适宜，尤其适用于教师日常教学和学生课后自测，不追求过难的计算和证明.

本书适用于普通应用型本科院校、大学独立院校等，教师可将本章节习题作为作业布置，每章自测题由学生独立完成.本书还附有若干套期末测试题.

参加本书编写的教师均来自高等数学教学第一线，有着丰富的教学实践经验.全书分上下两册，共8章，上册由韩慧蓉(第1章)、潘灵刚(第2章)、李文胜(第3章)、朱熙(第4章)编写，下册由赵芳玲(第5章)、吴涛(第6章)、周千(第7章)、李华(第8章)编写，全书编写大纲及框架结构安排由韩慧蓉承担，最后的统稿、定稿由韩慧蓉、周千承担.岳忠玉承担了本书的审稿工作，提出了许多有价值的意见，在此表示衷心的感谢.

由于编者的教学经验和水平有限，加之时间仓促，错误和疏漏之处在所难免，恳请使用者批评指正.

编者

2018年5月

目　录

第 1 章

函数、极限与连续

1.1 集合与函数

1.1.1 判断题

1. 若 $f(x)=\ln x^3$, $g(x)=3\ln x$,则 $f(x)=g(x)$(　　).

2. $f(x)=x+1$, $g(x)=\dfrac{x^2-1}{x-1}$,则 $f(x)=g(x)$(　　).

3. 若 $f(x)=1-x^2$, $g(x)=\sqrt{(1-x^2)^2}$,则 $f(x)=g(x)$(　　).

4. 若 $f(x)=x$, $g(x)=\arccos(\cos x)$ 则 $f(x)=g(x)$(　　).

1.1.2 填空题

1. 开区间________是以 2 为中心,1 为半径的邻域.

2. 函数 $y=\dfrac{1}{1-x^2}+\sqrt{x+2}$ 的定义域是________________________________.

3. 函数 $y=\dfrac{e^x-e^{-x}}{2}$ 是________(奇、偶)函数;其图形关于________对称.

4. 考察单调性 $y=\ln|x|$ 在________内是单调增的;在________内是单调减的.

5. 设 $\varphi(t)=t^3+1$,则 $\varphi(t^2)=$____________;$[\varphi(t)]^2=$____________.

1.1.3 选择题

1. 下列各组函数中能构成复合函数 $f[g(x)]$ 的是(　　).

(A) $f(u)=\arcsin u$, $u=g(x)=2+x^2$

(B) $f(u)=\ln u$, $u=g(x)=2x-1-x^2$

(C) $f(u)=\arccos u$, $u=g(x)=\sqrt{1-x^2}$

(D) $f(u)=\sqrt{u}$, $u=g(x)=\dfrac{1}{4x-4-x^2}$

2. 设 $y=\arctan u$, $u=\sqrt{t}$, $t=\ln(x-1)$,则复合函数 $y=f(x)$ 的定义域是(　　).

(A) $x\geqslant 0$　　(B) $x\geqslant 1$　　(C) $x\geqslant 2$　　(D) $x\geqslant 3$

1.1.4 计算题

求函数 $f(x)=\dfrac{\sqrt{2x+1}}{2x^2-x-1}$ 的定义域.

1.1.5 指出下列函数的定义域,并画出它们的图形

1. $f(x)=\begin{cases}-2x, & x\geqslant 0,\\ 1, & x<0.\end{cases}$

2. $f(x)=\begin{cases}(x-2)^2, & 2\leqslant x\leqslant 4,\\ 0, & -2\leqslant x<2.\end{cases}$

1.1.6 画出下列函数的图象,并求下列分段函数在指定点处的值

1. $f(x)=\begin{cases}\dfrac{|x|}{x}, & x\neq 0,\\ 1, & x=0.\end{cases}$ 求 $f(1)$, $f(-1)$.

2. $f(x)=\begin{cases}x, & x\leqslant 0,\\ 1-x, & 0<x<1,\\ x, & x\geqslant 1.\end{cases}$ 求 $f(0.1)$, $f(1.1)$, $f(-0.1)$.

1.2　数列极限的定义与计算

1.2.1　填空题

1. $\lim\limits_{n\to\infty}\left(2+\frac{(-1)^{n-1}}{n}\right)=$ ________.

2. $\lim\limits_{n\to\infty}(-1)^n n=$ ________.

3. $\lim\limits_{n\to\infty}(\sqrt{n^2+5}-n)=$ ________.

4. $\lim\limits_{n\to\infty}\left(1+\frac{1}{2^n}\right)=$ ________.

5. $\lim\limits_{n\to\infty}\left[\frac{1}{1\cdot 2}+\frac{1}{2\cdot 3}+\cdots+\frac{1}{n(n+1)}\right]=$ ________.

1.2.2　判断下列各题中，哪些数列收敛，哪些数列发散？对收敛数列，通过观察 $\{x_n\}$ 的变化趋势，写出它们的极限：

1. $\left\{(-1)^n\frac{1}{n}\right\}$.

2. $\left\{\frac{n-1}{n+1}\right\}$.

3. $\left\{\frac{1}{\sqrt{n}}\right\}$.

4. $\left\{[(-1)^n+1]\frac{n+1}{n}\right\}$.

1.3 函数极限的定义与计算

1.3.1 填空题

1. 设 $f(x)=\dfrac{|x|}{x}$,则 $f(0-0)=$ ________;$f(0+0)=$ ________;故 $\lim\limits_{x\to 0}f(x)$ = ________.

2. 设 $f(x)=\begin{cases}x-1, & x\leqslant 0,\\ x^2-1, & x>0,\end{cases}$ 则 $f(0-0)=$ ________;$f(0+0)=$ ________;故 $\lim\limits_{x\to 0}f(x)=$ ________.

1.3.2 选择题

1. 下列极限错误的是(　　).

(A) $\lim\limits_{x\to 0^+}\left(\dfrac{1}{2}\right)^x=1$　　(B) $\lim\limits_{x\to 0^-}\left(\dfrac{1}{2}\right)^x=-1$

(C) $\lim\limits_{x\to +\infty}\left(\dfrac{1}{2}\right)^x=0$　　(D) $\lim\limits_{x\to -\infty}\left(\dfrac{1}{2}\right)^x=+\infty$.

2. 如图 1-1 所示的函数 $f(x)$,下列陈述中错误的是(　　).

(A) $\lim\limits_{x\to 0}f(x)=0$

(B) $\lim\limits_{x\to 1^+}f(x)=0$

(C) $\lim\limits_{x\to 0}f(x)=1$

(D) $\lim\limits_{x\to 1}f(x)$ 不存在

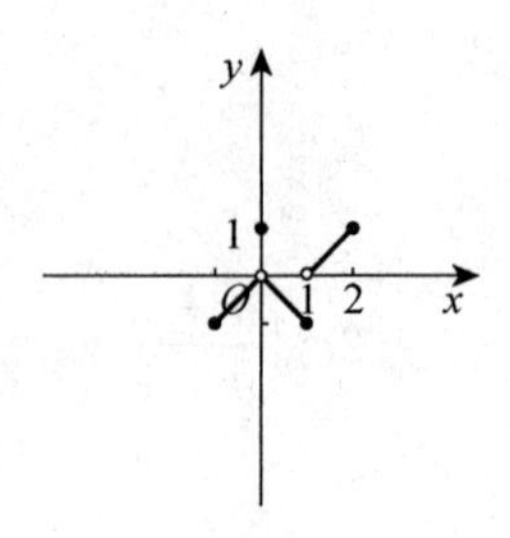

图 1-1

1.3.3 计算题

如图 1-2 所示的函数 $f(x)$,求下列题 1-3 的极限,如极限不存在,说明理由.

1. $\lim\limits_{x\to -2}f(x)$.

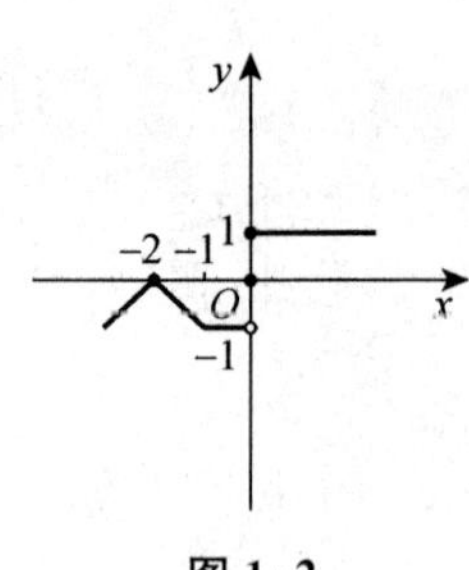

图 1-2

2. $\lim\limits_{x\to-1}f(x)$.

3. $\lim\limits_{x\to0}f(x)$.

4. 求 $f(x)=\dfrac{|x|}{x(x-1)}$ 当 $x\to0$ 和 $x\to1$ 时的左,右极限,并说明它们在 $x\to0$ 和 $x\to1$ 时极限是否存在.

1.4 极限性质

1.4.1 解答题

当 $n \to \infty$ 时，数列 $x_n = \begin{cases} \dfrac{1-2n}{n}, & n \text{为奇数} \\ \dfrac{1+2n}{n}, & n \text{为偶数} \end{cases}$ 是否存在？为什么？

1.4.2 选择题

下列说法正确的是(　　).

(A) 收敛数列一定有界　　(B) 有界数列一定收敛

(C) 发散的数列一定无界　　(D) 收敛数列不一定有界

1.5　两个重要极限

1.5.1　填空题

1. $\lim\limits_{x\to 0}\dfrac{\sin ax}{x}=$ ________.

2. $\lim\limits_{x\to 0}\dfrac{\sin ax}{\tan bx}=$ ________$(b\neq 0)$.

3. $\lim\limits_{x\to\infty}x\sin\dfrac{1}{x}=$ ________.

4. $\lim\limits_{x\to\infty}\left(1+\dfrac{1}{n}\right)^{\frac{n}{3}}=$ ________.

5. $\lim\limits_{x\to 0}(1-3x)^{\frac{2}{x}}=$ ________.

6. $\lim\limits_{x\to\infty}\left(1+\dfrac{a}{x}\right)^{bx}=$ ________$(a\cdot b\neq 0)$.

1.5.2　计算题

1. $\lim\limits_{x\to 0^+}\dfrac{\sin x}{\sqrt{x}}$.

2. $\lim\limits_{x\to 0}\dfrac{1-\cos 2x}{x\sin x}$.

3. $\lim\limits_{n\to\infty}2^n\sin\dfrac{x}{2^n}$（$x$ 为不等于零常数）.

4. $\lim\limits_{x\to 0}\dfrac{\tan x-\sin x}{x^3}$.

5. $\lim\limits_{x\to 0}(1-x)^{\frac{1}{x}}$.

6. $\lim\limits_{x\to 0}\left(\dfrac{x}{1+x}\right)^{x}$.

7. $\lim\limits_{x\to 0}\left(\dfrac{x-1}{x+1}\right)^{x}$.

8. $\lim\limits_{x\to 0}\dfrac{\ln(1-2x)}{x}$.

1.5.3 证明题

利用极限存在准则证明$\lim\limits_{n\to\infty}n\left(\dfrac{1}{n^2+\pi}+\dfrac{1}{n^2+2\pi}+\cdots+\dfrac{1}{n^2+n\pi}\right)=1$.

1.6　无穷小与无穷大

1.6.1　下列变量中那些是无穷小量?哪些是无穷大量?哪些什么都不是?

1. $100x^2 \quad (x \to 0)$.
2. $\dfrac{2}{\sqrt{x}} \quad (x \to 0^+)$.
3. $\dfrac{x-3}{x^2-9} \quad (x \to 3)$.
4. $e^{\frac{1}{x}} - 1 \quad (x \to \infty)$.
5. $(-1)^n \dfrac{n^2}{n+3} (n \to \infty)$.
6. $\dfrac{\sin x}{x} \quad (x \to 0)$.
7. $\sin \dfrac{1}{x} \quad (x \to 0)$.
8. $2^x - 1 \quad (x \to 0)$.

1.6.2　比较下列无穷小的阶.

1. 当 $x \to 0$ 时 $2x - x^2$ 与 $x^2 - x^3$ 相比,哪一个是高阶无穷小?

2. 当 $x \to 1$ 时,无穷小 $1-x$ 和(1)$1-x^3$,(2) $\dfrac{1}{2}(1-x^2)$ 是否同阶,是否等价?

1.6.3　利用等价无穷小的性质,求下列极限:

1. $\lim\limits_{x \to 0} \dfrac{1-\cos 2x}{\tan^2 x}$.
2. $\lim\limits_{x \to 0} \dfrac{\arctan 2x}{\sin 3x}$.

3. $\lim\limits_{x\to 0}\dfrac{\sin(x^n)}{(\sin x)^m}$($n$, m 为正整数).

4. $\lim\limits_{x\to 0}\dfrac{\tan x-\sin x}{x\sin^2 x}$.

1.6.4 计算题

求函数 $f(x)=\dfrac{2x}{4-x^2}$ 图形的水平渐近线和铅直渐近线.

1.7 函数的连续性及其性质

1.7.1 填空题

1. 设 $f(x)=\begin{cases} e^x, & 0\leqslant x\leqslant 1, \\ a+x, & 1<x\leqslant 2. \end{cases}$ 则 $a=$ ________ 时，$f(x)$ 连续.

2. 若 $f(x)=\begin{cases} \dfrac{\sin 3x}{\tan \alpha x}, & x>0, \\ 7e^x-\cos x, & x\leqslant 0. \end{cases}$，在 $x=0$ 处连续，则 $\alpha=$ ________.

3. 设函数 $f(x)=\begin{cases} x-\dfrac{\sin x}{x}, & x>0, \\ k, & x=0, \\ x-1, & x<0. \end{cases}$ 问常数 $k=$ ________ 时，函数 $f(x)$ 在其定义域内连续.

4. 设 $f(x)=\begin{cases} x-1, & x\leqslant 1, \\ 3-x, & x>1. \end{cases}$ 则间断点为________；属于第________类________间断点.

5. 设 $f(x)=(x-1)^2\sin\dfrac{1}{x-1}$，则间断点为________；属于第________类________间断点；若要使 $f(x)$ 在该点连续，则应补充定义，令 $f(1)=$ ________.

6. 设 $f(x)=\cos^2\dfrac{1}{x}$，则间断点为________；属于第________类间断点.

1.7.2 求下列极限

1. $\lim\limits_{a\to\frac{\pi}{4}}(\sin 2a)^3$.

2. $\lim\limits_{x\to\frac{\pi}{6}}\ln(2\cos 2x)$.

3. $\lim\limits_{x\to+\infty}(\sqrt{x^2+x}-\sqrt{x^2-x})$.

4. $\lim\limits_{x\to 0}(1+3\tan^2 x)^{\cot^2 x}$.

5. $\lim\limits_{x\to 0}(1+2x)^{\frac{3}{\sin x}}$.

6. $\lim\limits_{x\to\infty}\left(\frac{3+x}{6+x}\right)^{\frac{x-1}{2}}$.

1.7.3 计算题

求函数 $f(x)=\frac{x^3+3x^2-x-3}{x^2+x-6}$ 的连续区间,并求极限 $\lim\limits_{x\to 0}f(x)$, $\lim\limits_{x\to -3}f(x)$ 及 $\lim\limits_{x\to 2}f(x)$.

1.7.4 解答题

指出函数 $f(x)=\frac{1}{\frac{x(x+2)}{x^2-4}}$ 的间断点,说明这些间断点属于哪一类.如果是可去间断点,那么补充或改变函数的定义使它连续:

1.7.5 证明题

证明方程 $x^5-3x=1$ 至少有一个根介于 1 和 2 之间.

复习题一

一、选择题

1. 当 $x \to x_0$ 时，函数 $f(x)=\dfrac{|x-x_0|}{x-x_0}$ 的极限是(　　).

(A) 1　　(B) -1　　(C) 0　　(D) 不存在

2. 函数 $f(x)=\dfrac{1}{\ln(x-2)}$ 的连续区间是(　　).

(A) $(2,+\infty)$　　(B) $(2,3)$ 和 $(3,+\infty)$

(C) $(-\infty,2)$　　(D) $[2,3]$ 和 $[3,+\infty)$

3. 当 $x\to x_0$ 时，$f(x)$ 的左，右极限存在并且相等，是 $\lim\limits_{x\to x_0}f(x)$ 存在的(　　)条件.

(A) 必要　　(B) 充分　　(C) 充分必要　　(D) 无关

4. 设 $f(x)=2^x-1$，则当 $x\to 0$ 时，有(　　).

(A) $f(x)$ 与 x 是等价无穷小　　(B) $f(x)$ 与 x 同阶但非等价无穷小

(C) $f(x)$ 是比 x 高阶的无穷小　　(D) $f(x)$ 是比 x 低阶的无穷小

5. 设 $f(x)=e^{\frac{1}{x}}-1$，则 $x=0$ 是 $f(x)$ 的(　　).

(A) 可去间断点　　(B) 跳跃间断点　　(C) 第二类间断点　　(D) 连续点

6. 函数 $f(x)=\dfrac{2x+1}{x}$ 图形的水平渐近线是(　　).

(A) $y=2$　　(B) $x=0$　　(C) $y=0$　　(D) $y=-\dfrac{1}{2}$

二、填空题

1. 函数 $y=\sqrt{3-x}+\arctan\dfrac{1}{x}$ 的定义域是__________.

2. 函数 $y=[\arcsin(1-x^2)]^3$ 则可视为由____________________复合而成.

3. $\lim\limits_{x\to\infty}\dfrac{(2x+1)^{10}(5x-3)^{25}}{(3x+7)^{35}}=$________.

4. 函数 $f(x)$ 处处连续，且 $f(1)=3$，则 $\lim\limits_{x\to 0}f\left[\dfrac{1}{2x}\ln(1+2x)\right]=$________.

5. 设 $f(x)=x^3-x$，$\varphi(x)=\sin 2x$，则 $f\left[\varphi\left(-\dfrac{\pi}{4}\right)\right]=$________.

6. 当 $x\to\infty$ 时，函数 $f(x)$ 与 $\dfrac{1}{x^2}$ 是等价无穷小，则 $\lim\limits_{x\to\infty}3x^2f(x)=$________.

三、求下列极限

1. $\lim\limits_{x\to 1}\dfrac{x^2-x+1}{(x-1)^2}$.

2. $\lim\limits_{x\to+\infty}x(\sqrt{x^2+1}-x)$.

3. $\lim\limits_{x\to\infty}\left(\dfrac{2x+3}{2x+1}\right)^{x+1}$.

4. $\lim\limits_{x\to 0}\dfrac{\tan x-\sin x}{x^{2}\ln(1+x)}$.

5. $\lim\limits_{n\to\infty}(\sqrt{2}\cdot\sqrt[4]{2}\cdots\sqrt[2^n]{2})$.

6. $\lim\limits_{x\to 0^{+}}\dfrac{\sqrt{2-2\cos x}}{x}$.

四、计算题

确定常数 a 与 b 的值,使得函数 $f(x)=\begin{cases}\dfrac{\sin 6x}{2x}, & x<0,\\ a+3x, & x=0,\\ (1+bx)^{\frac{1}{x}}, & x>0.\end{cases}$ 处处连续.

五、计算题

设$\lim\limits_{x\to\infty}\left(\dfrac{x^2+1}{x+1}-ax-b\right)=1$,试求常数$a$与$b$的值.

六、解答题

讨论函数(a)$f(x)=\sin\dfrac{1}{x}$,(b) $f(x)=x\sin\dfrac{1}{x}$,(c) $f(x)=\dfrac{1}{x}\sin x$.

1. $x\to\infty$ 时函数的极限.

2. 函数在 $x=0$ 处的连续性,如果不连续是何种间断点,如果是可去间断点,如何改变或补充函数定义使其连续.

七、解答题

设 $f(x)=\begin{cases} e^{\frac{1}{x-1}}, & x>0, \\ \ln(1+x), & -1<x\leqslant 0. \end{cases}$ 求 $f(x)$ 的间断点所属类型.

八、应用题

把长度为 100 cm 的金属丝分成两段，第一段围成一个正方形，第二段围成一个圆，设第一段长度为 a，正方形和圆面积之和为 S，试将 S 表示成 a 的函数.

九、证明题

证明方程 $\sin x + x + 1 = 0$ 在开区间 $\left(-\frac{\pi}{2}, \frac{\pi}{2}\right)$ 内至少有一个根.

第 2 章

一元函数微分学及其应用

2.1　导数的概念及基本求导公式

2.1.1　填空题

1. 下列各题中均假定 $f'(x_0)$ 存在，则

(1) $\lim\limits_{\Delta x\to 0}\dfrac{f(x_0-\Delta x)-f(x_0)}{\Delta x}=$ ________；

(2) $\lim\limits_{h\to 0}\dfrac{f(x_0+h)-f(x_0-h)}{h}=$ ________；

(3) $f(x_0)=0$，$\lim\limits_{x\to x_0}\dfrac{f(x)}{x-x_0}=$ ________.

2. 函数 $f(x)$ 在点 x_0 可导是 $f(x)$ 在点 x_0 连续的________条件；函数 $f(x)$ 在点 x_0 连续是 $f(x)$ 在点 x_0 可导的________条件；函数 $f(x)$ 在点 x_0 的左导数 $f'_-(x_0)$ 及右导数 $f'_+(x_0)$ 都存在且相等是 $f(x)$ 在点 x_0 可导的________条件.

3. 曲线 $y=e^x$ 在点(0, 1)处的切线方程为________，法线方程为________.

4. 已知物体的运动规律为 $s=t^3$ 米，则这物体在 $t=2$ 秒时的速度为________.

5. 设 $f(x)=x(x+1)(x+2)\cdots(x+100)$，则 $f'(0)=$ ________.

2.1.2　选择题

1. 设 $f(x)$ 在 (a, b) 内连续，且 $x_0\in(a, b)$，则在点 x_0 处(　　).

(A) $f(x)$ 的极限存在，且可导　　(B) $f(x)$ 的极限存在，但不一定可导

(C) $f(x)$ 的极限不存在，但可导　　(D) $f(x)$ 的极限不一定存在

2. $f(x)=|x-2|$ 在点 $x=2$ 处的导数是(　　).

(A) 1　　(B) 0　　(C) -1　　(D) 不存在

3. 设 $f(x)=\begin{cases}\dfrac{2}{3}x^3, & x\leqslant 1,\\ x^2, & x>1\end{cases}$ 则 $f(x)$ 在 $x=1$ 处的(　　).

(A) 左、右导数都存在　　(B) 左导数存在，右导数不存在

(C) 左导数不存在，右导数存在　　(D) 左、右导数都不存在

2.1.3 计算题

1. 设函数 $y=\arctan x+3\operatorname{arccot} x$,求 $f'(1)$, $f'(-1)$.

2. 求曲线 $y=\cos x$ 在点$\left(\frac{\pi}{3}, \frac{1}{2}\right)$处的切线与法线方程.

3. 设函数 $f(x)=\begin{cases}\sin x, & x<0, \\ x, & x\geqslant 0.\end{cases}$ 求 $f'(0)$.

4. 讨论函数 $f(x)=\begin{cases}x^2\sin\frac{1}{x}, & x\neq 0, \\ 0, & x=0\end{cases}$ 在 $x=0$ 处的连续性与可导性.

2.2　导数的计算法则

2.2.1　复合函数的求导法则

2.2.1.1　判断题

1. $(\sin x^2)' = 2x\cos x$(　　).

2. $[f(x_0)]' = f'(x_0)$(　　).

3. $\left[\left(\frac{3}{5}\right)^{\frac{1}{x}}\right]' = \frac{1}{x}\left(\frac{3}{5}\right)^{\frac{1}{x}-1}$(　　).

4. 曲线 $y = \sqrt[3]{x-1}$ 在(1, 0)处的切线方程是 $x = 1$(　　).

5. $[2^{\cos x}]' = 2^{\cos x}\ln 2$(　　).

6. 已知 $f(x) = 3\sin\left(3x+\frac{\pi}{4}\right)$,则 $f'\left(\frac{\pi}{4}\right) = -3$(　　).

7. $[(2x)^{\frac{1}{3}}]' = (2x)^{\frac{1}{3}}\ln 2x$(　　).

2.2.1.2　填空题

1. $\left(\cos\sqrt{\pi}+\frac{\sin x}{\pi}\right)' =$ ________.　　2. $(\tan x+\sec x)' =$ ________.

3. $(x^{\alpha}+\alpha^{x})' =$ ________.　　4. $\left(\frac{\sin x}{x}\right)' =$ ________.

5. $(x^2\ln x)' =$ ________.　　6. $[\cos(3x+1)]' =$ ________.

7. $[(10-2x)^9]' =$ ________.　　8. $(\tan^3 x)' =$ ________.

9. $(\arctan\sqrt{x})' =$ ________.　　10. $[\ln(\sec x+\tan x)]' =$ ________.

2.2.1.3　求下列函数的导数

1. 设 $y = \sec^2 x\sin x$,求 y'.

2. 设 $y = 3^{-\sin^2\frac{x}{2}}+\ln\cos x$,求 y'.

3. 设 $y = \sin^2(\cos 3x)$,求 y'.

4. 设 $f(x)=\arcsin\dfrac{x}{3}+\ln(1-x)$,求 $f'(0)$.

5. 设 $f(x)=\ln(1+a^{-2x})$, $a>0$,求 $f'(0)$.

6. 设 $y=x\arcsin\dfrac{x}{2}+\sqrt{4-x^2}$,求 y'.

7. 设 $y=\ln[\ln(\ln x)]$,求 y'.

8. 设 $f(x)=\ln(x+\sqrt{a^2+x^2})$,求 $f'(x)$.

9. 设 $f(x)$ 可导,$y=f(\sin^2 x)+f(\cos^2 x)$,求$\dfrac{\mathrm{d}y}{\mathrm{d}x}$.

2.2.2　高阶导数

2.2.2.1　填空题

1. $(\sin 2x)'' =$ ______________________.

2. $(xe^{x^2})'' =$ ________________.

3. 设 $f(x) = (x+10)^6$,则 $f'''(2) =$ ________________.

4. $(\sin x)^{(2\,015)} =$ ________.

5. 设 $y = e^x \cos x$,则 $y^{(4)} =$ ______________________________.

2.2.2.2　计算题

1. 设 $y = (1+x^2)\arctan x$,求 y''.

2. 设 $y = \sqrt{a^2 - x^2}$,求 y''.

3. 设 $y = \ln(1-x^2)$,求 y''.

4. 设 $y = \ln(x + \sqrt{1+x^2})$ 求 y''.

5. 设 $y = xe^x$,求 $y^{(n)}$.

2.2.3 隐函数的导数

2.2.3.1 填空题

1. 已知 $y=f(x)$ 由方程 $x^2-y^2=1$ 确定,则$\frac{\mathrm{d}y}{\mathrm{d}x}=$ ________.

2. 设函数 $y=y(x)$ 由方程 $\mathrm{e}^{x+y}+\cos(xy)=0$ 确定,则$\frac{\mathrm{d}y}{\mathrm{d}x}=$ ________.

3. 已知 $y=x^x$,则$\frac{\mathrm{d}y}{\mathrm{d}x}=$ ________.

4. 由方程 $y^5+2y-x-3x^7=0$ 所确定的隐函数在 $x=0$ 处的导数$\left.\frac{\mathrm{d}y}{\mathrm{d}x}\right|_{x=0}=$ ________.

2.2.3.2 计算题

1. 设 $y=f(x)$ 由方程 $y+\ln y=x$ 所确定,求$\frac{\mathrm{d}y}{\mathrm{d}x}$.

2. 设 $y=f(x)$ 由方程 $xy=\mathrm{e}^{x+y}$ 所确定,求$\frac{\mathrm{d}y}{\mathrm{d}x}$.

3. 设 $\mathrm{e}^x-\mathrm{e}^y=\sin(xy)$,求 y' 及 $y'|_{x=0}$.

4. 设 $y=f(x)$ 由方程 $y=\tan(x+y)$ 所确定，求$\dfrac{\mathrm{d}y}{\mathrm{d}x}$.

5. 设 $y=\left(\dfrac{x}{1+x}\right)^{x}$，求 y'.

6. 设 $y=\sqrt[5]{\dfrac{x-5}{\sqrt[5]{x^{2}+2}}}$，求 y'.

2.2.3.3　应用题

求曲线 $x^{\frac{2}{3}}+y^{\frac{2}{3}}=a^{\frac{2}{3}}$ 在点$\left(\dfrac{\sqrt{2}}{4}a,\ \dfrac{\sqrt{2}}{4}a\right)$处的切线方程和法线方程.

2.2.4　由参数方程确定的函数的导数

2.2.4.1　计算题

1. 设$\begin{cases}x = at^2,\\ y = bt^3.\end{cases}$求$\dfrac{\mathrm{d}y}{\mathrm{d}x}$.

2. 设$\begin{cases}x = a(\cos t + t\sin t),\\ y = a(\sin t - t\cos t).\end{cases}$求$\left.\dfrac{\mathrm{d}y}{\mathrm{d}x}\right|_{t=\frac{\pi}{4}}$.

3. 求下列参数方程所确定的函数的二阶导数$\dfrac{\mathrm{d}^2y}{\mathrm{d}x^2}$.

(1) $\begin{cases}x = a\cos t,\\ y = b\sin t;\end{cases}$

(2) $\begin{cases}x = \ln(1+t^2),\\ y = t - \arctan t.\end{cases}$

2.2.4.2　应用题

求曲线$\begin{cases} x=\dfrac{3at}{1+t^2}, \\ y=\dfrac{3at^2}{1+t^2}. \end{cases}$在 $t=2$ 相应点处的切线方程及法线方程.

2.2.5　相关变化率

2.2.5.1　应用题

1. 一气球从离开观察员 500 m 处离地面铅直上升,其速率为 140 m/min,当气球高度为 500 m 时,观察员视线仰角增加率是多少?

2. 注水入深 8 m 上顶直径 8 m 的正圆锥形容器中,其速率为 4 m^3/min. 当水深为 5 m 时,其表面上升的速率为多少?

3. 设气体以100 cm^3/s的速率注入球状的气球,求在半径为10 cm时,气球半径增加的速率(假定气体密度保持不变).

4. 在中午十二点整,甲船以6 km/h的速率向东行驶,乙船在甲船正北16 km处以8 km/h的速率向南行驶,问下午一点整两船之间距离的变化速率.

5. 一个长度为10 m的梯子斜靠在垂直的墙上,若梯子下端以3 m/s的速率离开墙壁,问当梯子下端距离墙壁6 m时,梯子上端向下滑动的速率是多少?

2.3　微分的概念与应用

2.3.1　填空题

1. $d(x\sin 2x)=$ ________.　　2. $d\left(\frac{1}{x}+2\sqrt{x}\right)=$ ________.

3. $d[\ln(\cos\sqrt{x})]=$ ________.　　4. $d[\tan^2(1+2x^2)]=$ ________.

5. $d\left[f\left(\arctan\frac{1}{x}\right)\right]=$ ________.　　6. $d($________$)=3x\,dx$.

7. $d($________$)=e^{-2x}dx$.　　8. $d($________$)=\sin\omega x\,dx$.

9. $d($________$)=\sec^2 3x\,dx$.　　10. $d($________$)=\frac{1}{\sqrt{x}}dx$.

2.3.2　计算题

1. 设 $y=x^{3x}$，求 dy.

2. 求下列隐函数的微分

(1) $x^2+xy+y^2=3$；　　(2) $e^x\sin y-e^{-y}\cos x=0$.

3. 计算下列函数的近似值.

(1) $\cos 29^\circ$；　　(2) $\ln 1.02$.

2.4 微分中值定理与及其应用

2.4.1 微分中值定理

2.4.1.1 选择题

1. 函数 $f(x)=x\sqrt{3-x}$ 在$[0,3]$上满足罗尔中值定理的 $\xi=$(　　).

(A) 0　　(B) 3　　(C) $\frac{3}{2}$　　(D) 2

2. 函数 $f(x)=\frac{1}{2x}$ 满足拉格朗日中值定理条件的区间是(　　).

(A) $[1,2]$　　(B) $[-2,2]$　　(C) $[-2,0]$　　(D) $[0,1]$

2.4.1.2 证明题

1. 验证罗尔定理对函数 $y=4x^3-5x^2+x-2$ 在区间$[0,1]$上的正确性.

2. 不用求出函数 $f(x)=(1-x)(x-2)(x-4)$ 的导数,说明方程 $f'(x)=0$ 有几个实根,并指出它们所在的区间.

3. 设 $a>b>0$,证明:$\frac{a-b}{a}<\ln\frac{a}{b}<\frac{a-b}{b}$.

4. 证明方程 $x^5+x-1=0$ 只有一个正根.

2.4.2　洛必达法则

2.4.2.1　判断题

1. 在洛必达法则中，$\lim\limits_{x\to x_0}\dfrac{f'(x)}{g'(x)}=A$ 是 $\lim\limits_{x\to x_0}\dfrac{f(x)}{g(x)}=A$ 的充要条件(　　).

2. 因 $\lim\limits_{x\to\infty}\dfrac{x-\sin x}{x+\sin x}=\lim\limits_{x\to\infty}\dfrac{1-\cos x}{1+\cos x}$ 不存在，所以 $\lim\limits_{x\to\infty}\dfrac{x-\sin x}{x+\sin x}$ 不存在(　　).

3. $\lim\limits_{x\to 1}\dfrac{x^2-1}{x^2+x-1}=\lim\limits_{x\to 1}\dfrac{(x^2-1)'}{(x^2+x-1)'}=\lim\limits_{x\to 1}\dfrac{2x}{2x+1}=\dfrac{2}{3}$(　　).

2.4.2.2　用洛必达法则求下列极限

1. $\lim\limits_{x\to 0}\dfrac{\ln\cos x}{x}$.

2. $\lim\limits_{x\to+\infty}\dfrac{\ln x}{\sqrt{x}}$.

3. $\lim\limits_{x\to 0}\dfrac{x^2-\sin x^2}{x^6}$.

4. $\lim\limits_{x\to 0}\dfrac{e^x-e^{-x}-2x}{x-\sin x}$.

5. $\lim\limits_{x\to a}\dfrac{x^m-a^m}{x^n-a^n}(a\neq 0)$.

6. $\lim\limits_{x\to+\infty}\dfrac{\ln\left(1+\dfrac{1}{x}\right)}{\operatorname{arccot} x}$.

7. $\lim\limits_{x\to 0}x\cot 2x$.

8. $\lim\limits_{x\to 1}\left(\dfrac{2}{x^2-1}-\dfrac{1}{x-1}\right)$.

9. $\lim\limits_{x\to 0^+}\left(\dfrac{1}{x}\right)^{\tan x}$.

10. $\lim\limits_{x\to+\infty}x\left(\dfrac{\pi}{2}-\arctan x\right)$.

2.4.2.3 证明题

验证极限$\lim\limits_{x\to\infty}\dfrac{x+\sin x}{x}$存在,但不能用洛必达法则得出.

2.5　函数的性态与图形

2.5.1　函数的单调性与凹凸性

2.5.1.1　计算题

1. 确定下列函数的单调区间：

(1) $y=2x^3-6x^2-18x-7$；

(2) $y=2x+\frac{8}{x}(x>0)$；

(3) $y=\ln(x+\sqrt{1+x^2})$；

(4) $y=(x-1)(x+1)^3$.

2. 判定下列曲线的凹凸性：

(1) $y=4x-x^2$；

(2) $y=x\arctan x$.

3. 求函数 $y=\ln(x^2+1)$ 图形的拐点及凹或凸的区间.

4. 问 a，b 为何值时，点(1，3) 为曲线 $y = ax^3 + bx^2$ 的拐点？

2.5.1.2　证明下列不等式

1. 当 $x > 0$ 时，$x > \ln(1+x)$.

2. 当 $x > 0$ 时，$1 + \frac{1}{2}x > \sqrt{1+x}$.

3. 当 $x > 0$ 时，$x - \frac{x^2}{2} < \ln(1+x)$.

2.5.2　函数的极值与最大值最小值

2.5.2.1　填空题

1. $y=\dfrac{1}{x^2-4x-5}$ 的水平渐近线是________，铅直渐近线是________________.

2. $y=\dfrac{1}{(x+2)^3}$ 的水平渐近线是________，铅直渐近线是________________.

3. $y=xe^{x^{-2}}$ 的铅直渐近线是________.

4. $y=-(x+1)+\sqrt{x^2+1}$ 的水平渐近线是________________.

2.5.2.2　计算题

1. 求下列该函数的极值：

(1) $y=2x^3-6x^2-18x+7$；

(2) $y=x-\ln(1+x)$；

(3) $y=-x^4+2x^2$；

(4) $y=x+\sqrt{1-x}$；

(5) $y=1-(x-2)^{\frac{2}{3}}$；

(6) $y=(x+1)^3(x-1)^{\frac{2}{3}}$.

2. 求下列函数的最大值,最小值:

(1) $y=2x^3-3x^2$, $-1\leqslant x\leqslant 4$;　　(2) $y=x+\sqrt{1-x}$, $-5\leqslant x\leqslant 1$.

2.5.2.3　应用题

1. 某厂每批生产 A 商品 x 台的费用为 $C(x)=5x+200$ 万元,得到的收入为 $R(x)=10x-0.01x^2$ 万元,问:每批生产多少台,才能使利润最大?

2. 铁路线上 AB 段的距离为 100 km,工厂 C 距 A 处为 20 km,AC 垂直于 AB. 现要在 AB 线上选一点 D 向工厂修一段公路使货物从供应站 B 运到工厂 C. 已知铁路与公路每公里运费之比为 3 : 5,问为使运费最省,D 应选在何处?

3. 某地区防空洞的截面拟建成矩形加半圆,截面的面积为 5 m^2,问底宽 x 为多少时才能使截面的周长最小,从而使建造时所用的材料最省?

4. 某车间靠墙壁要盖一间面积为 64 m^2 的长方形小屋，而现有存砖只够砌 24 m 长的墙壁，问：这些存砖是否足够围成小屋？

2.5.3　函数图形的描绘

2.5.3.1　函数图形的描绘

1. 描绘函数 $y = 2x^3 - 3x^2$ 的图形.

2. 描绘函数 $y = x\sqrt{3-x}$ 的图形.

3. 描绘函数 $y = \frac{2x-1}{(x-1)^2}$ 的图形.

2.6 曲 率

2.6.1 填空题

1. 曲率恒等于零的曲线是____________________.
2. 半径为 R 的圆上任意点处的曲率为________________,曲率半径为________________.
3. 抛物线 $y=ax^2+bx+c$ 上________________点处的曲率最大.
4. 双曲线 $xy=1$ 上两点在点(1, 1) 处的曲率为____________________.
5. 抛物线 $y=x^2+x$ 在点(0, 0) 处的曲率为____________________.

2.6.2 计算题

1. 求曲线 $x=a\cos^3 t$, $y=a\sin^3 t$ 在 $t=t_0$ 相应点处的曲率.

2. 抛物线 $y=x^3$ 在点(1, 1) 处的曲率.

3. 计算曲线 $y=\ln(x+\sqrt{1+x^2})$ 在原点处的曲率.

复习题二

一、填空题

1. 已知 $f'(3)=2$,则 $\lim\limits_{h\to 0}\dfrac{f(3-h)-f(3)}{2h}=$ ________.

2. $(x^{\sin x})'=$ ________.

3. $y=\ln[\arctan(1-x)]$,则 $\mathrm{d}y=$ ________.

4. 若 $f(t)=\lim\limits_{x\to\infty}t\left(1+\dfrac{1}{x}\right)^{2tx}$,则 $f'(t)=$ ________.

5. $y=\dfrac{x}{x-1}$ 的水平渐近线是________,铅直渐近线是________.

6. 函数 $y=\ln x$ 在区间[1, 2]上满足拉格朗日中值定理的 $\xi=$ ________.

7. 抛物线 $y=x^2-4x+3$ 顶点处的曲率半径为________.

二、选择题

1. 下列命题正确的是(　　).

(A) 若 x_0 为 $f(x)$ 的极值点,必有 $f'(x_0)=0$

(B) 一阶导数不存在的点可能是极值点

(C) 函数 $y=|x-1|+2$ 的最小值点是 $x=0$

(D) 若 $f'(x_0)=0$,则 x_0 必为 $f(x)$ 的极值点

2. 使函数 $f(x)=\dfrac{1}{3}x^3+x^2-1$ 在区间[−2, 2]上取得最大值的点为(　　).

(A) $x=0$　　(B) $x=-2$　　(C) $x=2$　　(D) 不存在

3. 由方程 $\sin y+xe^y=0$ 所确定的曲线 $y=y(x)$ 在(0, 0)点处的切线的斜率是(　　).

(A) -1　　(B) 1　　(C) $\dfrac{1}{2}$　　(D) $-\dfrac{1}{2}$

4. $\dfrac{\mathrm{d}(\ln x)}{\mathrm{d}\sqrt{x}}=$ (　　).

(A) $\dfrac{2}{x}$　　(B) $\dfrac{2}{\sqrt{x}}$　　(C) $\dfrac{2}{x\sqrt{x}}$　　(D) $\dfrac{1}{2x\sqrt{x}}$

5. 若 $f(x)$ 为可微函数,当 $\Delta x\to 0$ 时,则在点 x 处的 $\Delta y-\mathrm{d}y$ 是关于 Δx 的(　　).

(A) 高阶无穷小　　(B) 等价无穷小　　(C) 低阶无穷小　　(D) 不可比较

三、计算题

1. 求函数 $y=\ln\tan\dfrac{x}{2}-\cos x\cdot\ln\tan x$ 的导数.

2. 设 $y=y(x)$ 由方程 $\sin xy-\ln\dfrac{x+1}{y}=1$ 确定,求 $y'\big|_{x=0}$.

3. 已知 $\begin{cases}x=\ln t,\\ y=t^3.\end{cases}$ 求 $\left.\dfrac{\mathrm{d}^2y}{\mathrm{d}x^2}\right|_{t=1}$.

4. 求极限 $\lim\limits_{x\to 0}\left(\dfrac{1}{x^2}-\dfrac{1}{x\tan x}\right)$.

5. 求函数 $y=x^4(12\ln x-7)$ 图形的拐点及凹凸区间.

6. 求函数 $f(x)=(2x-5)\sqrt[3]{x^2}$ 的极值.

四、应用题

如图 2-1 所示,有一 Y 形屋撑高为$\dfrac{16}{3}$ m,顶端阔 4 m,问杆长和臂长为多少米时,二者之和最小?

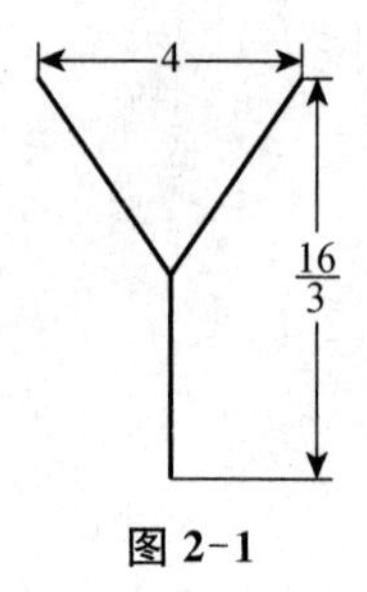

图 2-1

五、证明题

1. 若函数 $f(x)$ 在 $x=0$ 处连续,且$\lim\limits_{x\to 0}\dfrac{f(x)}{x}$ 存在,证明 $f(x)$ 在 $x=0$ 处可导.

2. 当 $x>1$ 时,证明 $e^x>ex$.

第 3 章

一元函数积分学及其应用

3.1 不定积分的概念与性质

3.1.1 填空题

1. 设 $e^x + \sin x$ 是 $f(x)$ 的原函数，则 $f'(x) =$ ________.

2. 已知函数 $f(x) = \sin x + \cos x$，则函数 $f(x)$ 过点 $\left(\frac{\pi}{2}, 1\right)$ 的原函数为 ________.

3. 若 $\int f(x)\mathrm{d}x = \cos(\ln x) + c$，则 $f(x) =$ ________.

4. 若已知 $f'(x) = \frac{1}{\sqrt{1-x^2}}$，且 $f(0) = \frac{\pi}{2}$，则 $f(x) =$ ________.

5. 若 $f'(\ln x) = 1 + \ln x$，则 $f(x) =$ ________.

6. 积分 $\int \sec x(\sec x - \tan x)\mathrm{d}x =$ ________.

3.1.2 选择题

1. 若 $F(x)$ 和 $G(x)$ 都是 $f(x)$ 的原函数，则(　　).

(A) $F(x) - G(x) = 0$　　(B) $F(x) + G(x) = 0$

(C) $F(x) - G(x) = c$(常数)　　(D) $F(x) + G(x) = c$(常数)

2. 若 $F'(x) = f(x)$ 则 $\int \mathrm{d}F(x) =$ (　　).

(A) $f(x)$　　(B) $F(x)$

(C) $f(x) + c$　　(D) $F(x) + c$

3. 已知一个函数的导数为 $y' = 2x$，且 $x = 1$ 时 $y = 2$，这个函数是(　　).

(A) $y = x^2 + c$　　(B) $y = x^2 + 1$

(C) $y^2 = \frac{2}{3}(x-1)^3$　　(D) $y = x + c$

4. 已知函数 $f(x)$ 在 $(-\infty, +\infty)$ 内可导，且恒有 $f'(x) = 0$，又有 $f(-1) = 1$，则函数 $f(x) =$ (　　).

(A) 0　　(B) -1　　(C) 1　　(D) x

5. 设 $F(x)$ 是 $f(x)$ 的一个原函数,则下列等式正确的是(　　).

(A) $\int F(x)\mathrm{d}x = f(x) + c$　　(B) $\int f(x)\mathrm{d}x = F(x) + c$

(C) $\int f'(x)\mathrm{d}x = f(x)$　　(D) $\mathrm{d}\left(\int f(x)\mathrm{d}x\right) = f(x) + c$

3.1.3　计算题

1. 求下列不定积分:

(1) $\int \frac{(1-x)^2}{\sqrt{x}}\mathrm{d}x$;　　(2) $\int \left(\frac{3}{1+x^2} - \frac{2}{\sqrt{1-x^2}}\right)\mathrm{d}x$;

(3) $\int \frac{1}{x^2(1+x^2)}\mathrm{d}x$;　　(4) $\int \mathrm{e}^x(1-3\mathrm{e}^{-x}\sqrt{x})\mathrm{d}x$;

(5) $\int \frac{1}{1+\cos 2x}\mathrm{d}x$;　　(6) $\int \cot^2 x\mathrm{d}x$.

2. 已知 $f'(x)=\sec^2 x+\sin x$，$f(0)=1$，求函数 $f(x)$.

3.1.4　应用题

1. 一曲线通过点$(e^2, 3)$，且在任意点处的切线斜率等于该点横坐标的倒数，求该曲线的方程.

2. 一物体由静止开始运动，经 t(s) 后的速度为 $3t^2$ m/s，问
(1) 在 3 s 后物体离开出发点的距离是多少？
(2) 物体走完 360 m 需要多少时间？

3.2 不定积分的换元法与分部法

3.2.1 不定积分的换元法

3.2.1.1 填空题

1. $\mathrm{d}\left(\int \frac{\cos x}{1+\sin^2 x}\mathrm{d}x\right)=$ ______.

2. 计算$\int \frac{\ln x}{x}\mathrm{d}x=$ ______.

3. 若$\int xf(x)\mathrm{d}x=\arctan x+c$则$\int \frac{1}{f(x)}\mathrm{d}x=$ ______.

4. 若$\int f(x)\mathrm{d}x=F(x)+c$,则$\int f(ax+b)\mathrm{d}x=$ ______.

5. $\sin\frac{3}{2}x\mathrm{d}x=$ ______$\mathrm{d}\left(\cos\frac{3}{2}x\right)$.

6. $\frac{\mathrm{d}x}{1+9x^2}=$ ______$\mathrm{d}(\arctan 3x)$.

7. $\frac{x\mathrm{d}x}{\sqrt{1-x^2}}$ ______$\mathrm{d}(\sqrt{1-x^2})$.

8. $\int\frac{1}{\sqrt{1-9x^2}}\mathrm{d}x=$ ______.

9. $\int \mathrm{e}^{3x^2}x\mathrm{d}x=$ ______.

10. $\int \tan^5 x\sec^2 x\mathrm{d}x=$ ______.

11. $\int\frac{1}{(\arcsin x)^2\sqrt{1-x^2}}\mathrm{d}x=$ ______.

12. $\int \mathrm{e}^{f(x)}f'(x)\mathrm{d}x=$ ______.

3.2.1.2 指出计算下列积分可能使用的代换(不必计算出最终结果)

1. $\int\frac{1}{x\sqrt{x-1}}\mathrm{d}x$ 代换:______.

2. $\int\sqrt{\frac{\sqrt{x}}{\sqrt{x}+\sqrt[3]{x}}}\mathrm{d}x$ 代换:______.

3. $\int\frac{1}{x^2\sqrt{x^2-4}}\mathrm{d}x$ 代换:______.

4. $\int\frac{x^2}{\sqrt{a^2-x^2}}\mathrm{d}x$ 代换:______.

5. $\int x^3 \sqrt{1+x^2}\,\mathrm{d}x$　代换：________________.

3.2.1.3　计算题

1. 求下列不定积分：

(1) $\int \frac{1}{x^2}\cos\frac{1}{x}\mathrm{d}x=$；

(2) $\int \frac{(\arcsin x)^2}{\sqrt{1-x^2}}\mathrm{d}x$；

(3) $\int \frac{(3\ln x+5)^4}{x}\mathrm{d}x$；

(4) $\int \frac{\sin x}{\cos^3 x}\mathrm{d}x$；

(5) $\int \frac{1}{(1+x)(2+x)}\mathrm{d}x$；

(6) $\int \cos^3 x\mathrm{d}x$；

(7) $\int \frac{1+\ln x}{x\ln x}\mathrm{d}x$；

(8) $\int \frac{\sin\sqrt{t}}{\sqrt{t}}\mathrm{d}t$；

(9) $\int \frac{1}{1+\sqrt[3]{x+2}}\mathrm{d}x$；

(10) $\int \frac{\mathrm{d}x}{\sqrt{x}+\sqrt[4]{x}}$；

(11) $\int \frac{x-2}{\sqrt{9-x^2}}\mathrm{d}x$；　　(12) $\int \frac{\mathrm{d}x}{\sqrt{(x^2+1)^3}}$；

(13) $\int \frac{\mathrm{d}x}{x\sqrt{x^2-1}}$.

2. 设 $f'(\sin^2 x)=\cos x$，$\left(x\in\left(-\frac{\pi}{2},\frac{\pi}{2}\right)\right)$，试求 $f(x)$.

3.2.2 不定积分的分部积分法

3.2.2.1 填空题

1. $\int \ln x \mathrm{d}x=$ ________.

2. $\int x\mathrm{e}^{-x}\mathrm{d}x=$ ________.

3. $\int x\cos x\mathrm{d}x=$ ________.

4. $\int \arctan x\mathrm{d}x=$ ________.

5. $\int x\sec^2 x\mathrm{d}x=$ ________.

3.2.2.2 选择题

1. 下列分部积分中,对 u 选择正确的是(　　).

(A) $\int x^2\cos x\mathrm{d}x$, $u=\cos x$

(B) $\int (x+1)\ln x\mathrm{d}x$, $u=x+1$

(C) $\int x\mathrm{e}^{-x}\mathrm{d}x$, $u=x$

(D) $\int \arcsin x\mathrm{d}x$, $u=1$

2. 下列凑微分正确的是(　　).

(A) $\arctan x\mathrm{d}x=\mathrm{d}\left(\frac{1}{1+x^2}\right)$　　(B) $\frac{1}{\sqrt{1-x^2}}\mathrm{d}x=\mathrm{d}(\sin x)$

(C) $\cos 2x\mathrm{d}x=\mathrm{d}(\sin 2x)$　　(D) $\frac{1}{x^2}\mathrm{d}x=\mathrm{d}\left(-\frac{1}{x}\right)$

3. $\int f(x)f'(x)\mathrm{d}x=$(　　).

(A) $\ln[f(x)]+C$　　(B) $f(x)f'(x)+C$

(C) $\frac{1}{2}[f'(x)]+C$　　(D) $\frac{1}{2}[f(x)]^2+C$

4. 若 $f(x)$ 的二阶导数 $f''(x)$ 连续,则 $\int xf''(x)\mathrm{d}x=$(　　).

(A) $xf''(x)+C$　　(B) $\frac{1}{2}x^2f'(x)+C$

(C) $xf'(x)-f(x)+C$　　(D) $xf'(x)+C$

5. 已知 $f(x)$ 的一个原函数是 $x\mathrm{e}^{-x}$,则 $\int xf'(x)\mathrm{d}x=$(　　).

(A) $x\mathrm{e}^{-x}+C$　　(B) $-x^2\mathrm{e}^{-x}+C$

(C) $(x^2+x+1)\mathrm{e}^{-x}+C$　　(D) $x^2\mathrm{e}^{-x}+C$

3.2.2.3　计算题

1. 求下列不定积分：

(1) $\int x \arctan x\mathrm{d}x$；

(2) $\int x^2 \ln x\mathrm{d}x$；

(3) $\int x \sin 3x\mathrm{d}x$；

(4) $\int \ln^2 x\mathrm{d}x$；

(5) $\int \mathrm{e}^{\sqrt[3]{x}}\mathrm{d}x$；

(6) $\int x \sin x \cos x\mathrm{d}x$.

2. 已知 $f(x)$ 的一个原函数为$(1+\sin x)\ln x$，求$\int xf'(x)\mathrm{d}x$.

3.3　有理函数的不定积分

3.3.1　计算题

1. 求下列不定积分：

(1) $\int \frac{4x+6}{x(x-2)}\mathrm{d}x$；

(2) $\int \frac{x}{(x+1)(x^2+1)}\mathrm{d}x$；

(3) $\int \frac{1}{x^2+2x+5}\mathrm{d}x$.

3.4　定积分的概念与性质

3.4.1　选择题

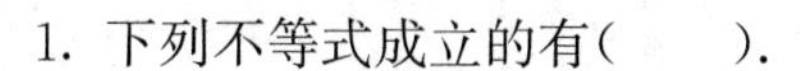

1. 下列不等式成立的有(　　).

(A) $\int_{-1}^{0} \mathrm{e}^{-x}\mathrm{d}x > \int_{-1}^{0} \mathrm{e}^{x}\mathrm{d}x$　　　(B) $\int_{-1}^{0} x\mathrm{d}x > \int_{-1}^{0} \mathrm{e}^{x}\mathrm{d}x$

(C) $\int_{0}^{1} x\mathrm{d}x < \int_{0}^{1} x^2\mathrm{d}x$　　　(D) $\int_{1}^{2} \mathrm{e}^{x}\mathrm{d}x > \int_{1}^{2} \mathrm{e}^{x^2}\mathrm{d}x$

2. 如图 3-1 中阴影部分的面积总和可表示为(　　).

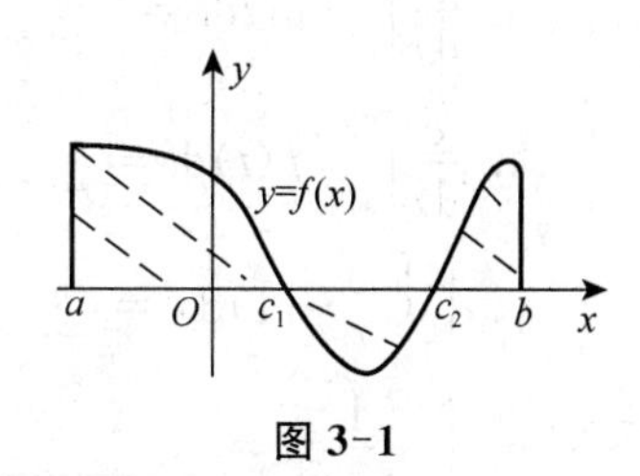

图 3-1

(A) $\int_{a}^{b} f(x)\mathrm{d}x$

(B) $\left|\int_{a}^{b} f(x)\mathrm{d}x\right|$

(C) $\int_{a}^{c_1} f(x)\mathrm{d}x + \int_{c_1}^{c_2} f(x)\mathrm{d}x + \int_{c_2}^{b} f(x)\mathrm{d}x$

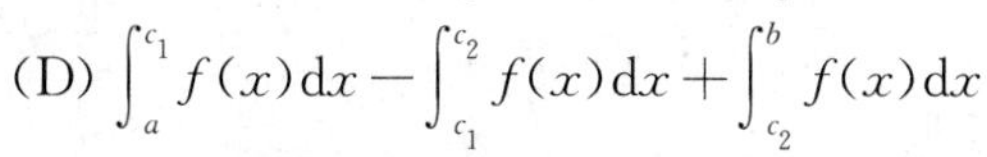

(D) $\int_{a}^{c_1} f(x)\mathrm{d}x - \int_{c_1}^{c_2} f(x)\mathrm{d}x + \int_{c_2}^{b} f(x)\mathrm{d}x$

3. 下列不等式中正确的是(　　).

(A) $2 < \int_{1}^{4} (x^2+1)\mathrm{d}x < 9$　　　(B) $1 < \int_{\frac{\pi}{4}}^{\frac{5\pi}{4}} (1+\sin^2 x)\mathrm{d}x < 2$

(C) $1 < \int_{0}^{1} \mathrm{e}^{x}\mathrm{d}x < \mathrm{e}$　　　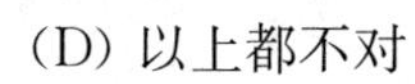(D) 以上都不对

3.4.2　填空题

1. 利用定积分的几何意义,填写下列积分的结果.

$\int_{0}^{2} x\mathrm{d}x =$ ________ ; $\int_{-a}^{a} \sqrt{a^2-x^2}\,\mathrm{d}x =$ ________ ; $\int_{-\frac{\pi}{2}}^{\frac{\pi}{2}} \sin x\mathrm{d}x =$ ________ .

2. 由曲线 $y = x + \dfrac{1}{x}$, $x = 2$ 及 $y = 2$ 所围成的图形的面积 $S =$ ________________ (积分表达式).

3. 由曲线 $y = \ln x$ 与两直线 $y = (\mathrm{e}+1) - x$ 及 $y = 0$ 所围成的图形的面积 $S =$ ________________ (积分表达式).

4. 由曲线 $y = x^3 - x^2 - 2x$ 与 x 轴所围成的图形的面积 $A =$ ________________ (积分表达式).

3.5 微积分基本定理

3.5.1 填空题

1. $y=\int_0^x \sin^2 t\mathrm{d}t$,则 $y'=$ ________.

2. $\frac{\mathrm{d}}{\mathrm{d}x}\int_x^1(\sin t+\cos t)\mathrm{d}t=$ ____________.

3. $\frac{\mathrm{d}}{\mathrm{d}x}\int_0^{x^2}\tan t\mathrm{d}t=$ ________.

4. $\frac{\mathrm{d}}{\mathrm{d}x}\int_{\sin x}^{\cos x}f(t)\mathrm{d}t=$ ____________________.

5. $\int_0^1(x^2+1)\mathrm{d}x=$ ________.

6. $\int_{-2}^{-1}\frac{1}{x}\mathrm{d}x=$ ________.

7. 定积分$\int_0^2|x-1|\mathrm{d}x=$ ________.

8. 设函数 $f(x)$ 满足$\int_0^x f(t)\mathrm{d}t=\ln(1+x^2)$,则 $f(x)=$ ________.

9. 设 $f(x)$ 是连续函数,且 $f(x)=x+2\int_0^1 f(t)\mathrm{d}t$,则 $f(x)=$ ________.

3.5.2 判断题

1. $\int_{-1}^1\frac{1}{x^2}\mathrm{d}x=-\frac{1}{x}\Big|_{-1}^1=-2$(　　).

2. $\int_0^{2\pi}\sqrt{1+\cos 2x}\,\mathrm{d}x=\sqrt{2}\int_0^{2\pi}\cos x\mathrm{d}x=0$(　　).

3.5.3 计算下列定积分

1. $\int_0^{2\pi}|\sin x|\,\mathrm{d}x$.

2. $\int_0^2 f(x)\mathrm{d}x$,其中 $f(x)=\begin{cases} x+1, & x\leqslant 1, \\ \frac{1}{2}x^2, & x>1. \end{cases}$

3. $\int_{\frac{1}{\sqrt{3}}}^{\sqrt{3}} \frac{1}{1+x^2}\mathrm{d}x.$

4. $\int_{-e-1}^{-2} \frac{1}{1+x}\mathrm{d}x.$

5. $\int_0^1 \frac{1}{\sqrt{4-x^2}}\mathrm{d}x.$

6. $\int_0^1 \frac{x^2}{1+x^2}\mathrm{d}x.$

3.5.4　计算题

求函数 $f(x)=\int_0^{x^2}(2-t)\mathrm{e}^{-t}\mathrm{d}t$ 的极值.

3.5.5　求下列极限

1. $\lim\limits_{x\to 0}\frac{1}{x}\int_x^0\frac{\sin t}{t}\mathrm{d}t$.

2. $\lim\limits_{x\to 0}\frac{\int_0^x(\arctan t)^2\mathrm{d}t}{\sqrt{1+x^2}-1}$.

3.6　定积分的换元法与分部法

3.6.1　填空题

1. $\int_{-\frac{1}{2}}^{\frac{1}{2}} e^{-x^2}\sin 2x\mathrm{d}x=$ ________.

2. $\int_{-a}^{a} x[f(x)+f(-x)]\mathrm{d}x=$ ________ （$f(x)$ 连续).

3. $\int_{-\frac{1}{2}}^{\frac{1}{2}} \frac{(\arcsin x)^2}{\sqrt{1-x^2}}\mathrm{d}x=$ ________.

4. 已知$\int_{-a}^{a}(2x-1+\arctan x)\mathrm{d}x=-4$,则 $a=$ ________.

5. $\int_{-1}^{1}(x+\sqrt{1-x^2})\mathrm{d}x=$ ________.

6. 设 $f(0)=1$，$f(2)=3$，$f'(2)=5$,则$\int_{0}^{1}xf''(2x)\mathrm{d}x=$ ________.

3.6.2　用换元积分法计算定积分

1. $\int_{0}^{\frac{\pi}{2}}\sin\varphi\cos^3\varphi\mathrm{d}\varphi$.

2. $\int_{0}^{\sqrt{2}}\sqrt{2-x^2}\,\mathrm{d}x$.

3. $\int_{1}^{4}\frac{1}{1+\sqrt{x}}\mathrm{d}x$.

4. $\int_{1}^{\sqrt{3}}\frac{\mathrm{d}x}{x^2\sqrt{1+x^2}}$.

5. 设 $f(x)=\begin{cases}1+x^2, & x\leqslant 0,\\ e^{-x}, & x>0.\end{cases}$ 求 $\int_1^3 f(x-2)\mathrm{d}x$.

3.6.3 利用分部积分法计算下列定积分

1. $\int_0^1 xe^{-x}\mathrm{d}x$.

2. $\int_0^{\pi} x\sin x\mathrm{d}x$.

3. $\int_1^{e} x\ln x\mathrm{d}x$.

4. $\int_0^1 x\arctan x\mathrm{d}x$.

5. $\int_{e^{-1}}^{e} |\ln x| \, dx$.

6. $\int_{0}^{\frac{\pi}{2}} e^{2x} \cos x dx$.

7. $\int_{0}^{\pi} f(x) dx$,其中 $f(x) = \int_{\pi}^{x} \frac{\sin t}{t} dt$.

3.7　定积分的几何应用与物理应用

3.7.1　定积分的几何应用

3.7.1.1　将下列指定元素用定积分表示并计算

1. 曲线 $y=\dfrac{1}{x}$ 与直线 $y=x$ 及 $x=2$ 所围图形面积：____________ = ____________.

2. 曲线 $y=\mathrm{e}^x$，$y=\mathrm{e}^{-x}$ 与直线 $x=1$ 所围图形面积：____________ = ____________.

3. 曲线 $y=\ln x$ 与直线 $y=\ln a$，$y=\ln b$ 所围图形面积：____________ = ________.

4. 曲线 $\rho=2a\cos\theta$ 所围图形面积：_______________ = ____________.

5. 曲线 $y=x^2$，$x=y^2$ 所围区域绕 y 轴所产生的旋转体的体积：____________ = ____________.

6. 曲线 $y=\sin x(0\leqslant x\leqslant\pi)$ 与 x 轴围成的图形绕 x 轴旋转一周所得的旋转体体积：____________ = ________.

3.7.1.2　计算下列图形的面积

1. 抛物线 $y=2x^2$ 及直线 $y=4x+6$ 所围图形的面积.

2. 已知抛物线 $y^2=2x$ 与直线 $y=2-2x$，求出它们所围图形的面积.

3. 由 $y=\frac{1}{2}x^2$ 与 $x^2+y^2=8$ 所围成的图形的面积(两部分都要计算).

4. $r=3\cos\theta$,与 $r=1+\cos\theta$(含在两曲线内部的公共部分面积).

3.7.1.3 应用题

1. 设由抛物线 $y^2=2px(p>0)$ 与直线 $x+y=\frac{3}{2}p$ 所围成的平面图形为 D:求(1) D 的面积 S;(2) 将 D 绕 y 轴旋转一周所得旋转体的体积.

2. 求曲线 $y=\frac{1}{4}x^2-\frac{1}{2}\ln x$ 上自 $x=1$ 至 $x=\mathrm{e}$ 的一段弧长.

3. 求曲线 $x=\mathrm{e}^t\sin t$，$y=\mathrm{e}^t\cos t$ 自 $t=0$ 至 $t=\frac{\pi}{2}$ 的一段弧长.

3.7.2　定积分的物理应用

3.7.2.1　将下列指定物理量用定积分表示并计算

1. 细杆的线密度 $\rho = 6 + 0.3x$(kg/m)，其中 x 是与杆左端的距离，杆长 10 m，则细杆的质量表示________ = ________ kg.

2. 物体在力 $F(x) = \dfrac{1}{4 + x^2}$ 作用力下从 $x = 0$ 沿直线移动到 $x = 2$，且力 F 的方向指向 x 轴正向，则力 F 在物体移动过程中所做的功 = ________ = ________.

3. 弹簧在拉伸过程中，需要的力 F(单位:N) 与伸长量 S(单位:cm) 成正比，即:$F - kS$(k 是比例常数)，如果把弹簧内原长拉伸 6 cm 所作的功 = ________ = ________ J.

4. 一蓄满水的圆柱形水桶高为 h m，底圆半径为 r m，如图 3-2 建立坐标系，把桶中的水全部吸出，功的微元 $\mathrm{d}W$ = ________$\mathrm{d}x$，积分区间是________.

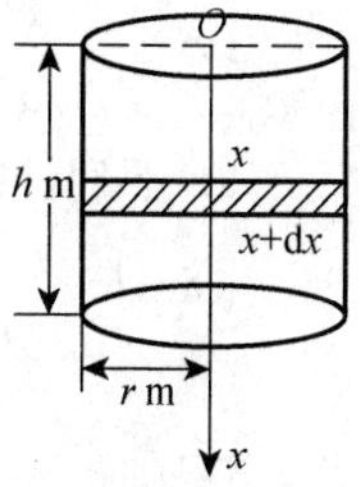

图 3-2

3.7.2.2　应用题

设一锥形储水池，深 15 m，口径 20 m，盛满水，将水吸尽，问要作多少功？

3.8 反常积分

3.8.1 选择题

1. 下列广义积分发散的是(　　).

(A) $\int_0^1 \frac{1}{\sqrt{x}}\mathrm{d}x$　(B) $\int_{-\infty}^{+\infty} \frac{1}{1+x^2}\mathrm{d}x$　(C) $\int_0^1 \frac{1}{x}\mathrm{d}x$　(D) $\int_1^{+\infty} \frac{1}{x^2}\mathrm{d}x$

2. 下列计算正确的是(　　).

(A) $\int_{-1}^1 \frac{1}{x^3}\mathrm{d}x = \frac{-1}{2x^2}\Big|_{-1}^1 = 0$　(B) $\int_0^{\pi} \frac{1}{\cos^2 x}\mathrm{d}x = \tan x\Big|_0^{\pi} = 0$

(C) $\int_{\frac{\pi}{2}}^{\frac{3\pi}{2}} \frac{\sin x}{\sqrt{1-\cos 2x}}\mathrm{d}x = 0$　(D) $\int_{-\infty}^{+\infty} \frac{x}{\sqrt{1-x^2}}\mathrm{d}x = 0$

3.8.2 判别下列广义积分的敛散性,如果收敛,计算广义积分的值

1. $\int_{-\infty}^0 x\mathrm{e}^x\mathrm{d}x.$

2. $\int_{-\infty}^{+\infty} \frac{2x}{1+x^2}\mathrm{d}x.$

3. $\int_{-\infty}^{+\infty} \frac{1}{1+x^2}\mathrm{d}x.$

4. $\int_0^1 \frac{x}{\sqrt{1-x^2}}\mathrm{d}x.$

复习题三

一、填空题

1. 不定积分$\int \frac{(1-x)^2}{\sqrt{x}}\mathrm{d}x=$ ________.

2. 不定积分$\int \cos x\mathrm{d}(\mathrm{e}^{\cos x})=$ ________.

3. 不定积分$\int \frac{1}{1+\mathrm{e}^x}\mathrm{d}x=$ ________.

4. 不定积分$\int \frac{1}{x^2}\sin\left(\frac{1}{x}+3\right)\mathrm{d}x=$ ________.

5. 已知 $f'(\mathrm{e}^x)=x\mathrm{e}^{-x}$,且 $f(1)=0$,则 $f(x)=$ ________.

6. $\int_{-1}^{1}\frac{x+|x|}{1+x^2}\mathrm{d}x=$ ________.

7. $\int_{-\frac{\pi}{4}}^{\frac{\pi}{4}}\frac{x}{1+\cos 2x}\mathrm{d}x=$ ________.

8. $\int_{\frac{1}{\pi}}^{\frac{2}{\pi}}\frac{\sin\frac{1}{x}\mathrm{d}x}{x^2}=$ ________.

9. 已知 $f(x)=\int_x^2\sqrt{2+t^2}\mathrm{d}t$,则 $f'(1)=$ ________.

10. 把抛物线 $y^2=4x$ 及直线 $x=x_0\,(x_0>0)$ 所围成的图形绕 x 轴旋转所得旋转物体的体积 $V=$ ________.

11. 曲线 $y=\frac{2}{3}x^{\frac{3}{2}}$ 上自 $x=0$ 至 $x=3$ 的弧长 $l=$ ________.

12. $y=\mathrm{e}^x$, $y=\mathrm{e}^{-x}$ 与直线 $x=1$ 所围图形的面积 $S=$ ________.

二、选择题

1. 若函数 $f(x)$ 的一个原函数为 $\ln x$,则一阶导数 $f'(x)=$(　　).

(A) $\frac{1}{x}$　　(B) $-\frac{1}{x^2}$　　(C) $\ln x$　　(D) $x\ln x$

2. 若 $f(x)$ 的导函数是 $\sin x$,则 $f(x)$ 有一个原函数为(　　).

(A) $2+\sin x$　　(B) $2-\cos x$

(C) $1+\cos x$　　(D) $1-\sin x$

3. 对于不定积分$\int f(x)\mathrm{d}x$,下列等式中正确的是(　　).

(A) $\mathrm{d}\int f(x)\mathrm{d}x=f(x)$　　(B) $\int f'(x)\mathrm{d}x=f(x)$

(C) $\int \mathrm{d}f(x)=f(x)$　　(D) $\frac{\mathrm{d}}{\mathrm{d}x}\int f(x)\mathrm{d}x=f(x)$

4. 不定积分$\int \frac{\mathrm{d}x}{(4x+1)^{10}} =$(　　).

(A) $\frac{1}{9(4x+1)^9}+c$　　(B) $\frac{1}{36(4x+1)^9}+c$

(C) $-\frac{1}{36(4x+1)^9}+c$　　(D) $-\frac{1}{36(4x+1)^{11}+c}$

5. 设 $f(x)$ 为区间$[a, b]$上的连续函数,则曲线 $y=f(x)$ 与直线 $x=a$, $x=b$, $y=0$ 所围成的封闭的图形的面积为(　　).

(A) $\int_a^b f(x)\mathrm{d}x$　　(B) $\int_a^b |f(x)|\mathrm{d}x$

(C) $\left|\int_a^b f(x)\mathrm{d}x\right|$　　(D) 不能确定

6. 下列积分不为 0 的是(　　).

(A) $\int_{-\pi}^{\pi} \cos x\mathrm{d}x$　　(B) $\int_{-1}^{1} \sin x \cos x\mathrm{d}x$

(C) $\int_{-2\pi}^{2\pi} \frac{\sin x}{1+\sin^2 x}\mathrm{d}x$　　(D) $\int_{-1}^{1} \mathrm{e}^{-x^2}\mathrm{d}x$

7. 已知 $x\mathrm{e}^x$ 为 $f(x)$ 的一个原函数,则$\int_0^1 xf'(x)\mathrm{d}x =$(　　).

(A) e　　(B) e^2　　(C) $\mathrm{e}^{\frac{1}{2}}$　　(D) 1

8. 已知$\int_{-\infty}^{0} \mathrm{e}^{ax}\mathrm{d}x = \frac{1}{2}$,则 $a =$(　　).

(A) 1　　(B) $\frac{1}{2}$　　(C) 2　　(D) 3

9. $\int_{-\frac{\pi}{2}}^{\frac{\pi}{2}} \sqrt{1-\cos^2 x}\mathrm{d}x =$(　　).

(A) 0　　(B) 1　　(C) 2　　(D) 4

10. 曲线 $y=\frac{1}{4}x^2-\frac{1}{2}\ln x$ 上自 $x=1$ 至 $x=\mathrm{e}$ 的一段弧长是(　　).

(A) $\frac{1}{2}(\mathrm{e}^2+1)$　　(B) $\frac{1}{4}(\mathrm{e}^2+1)$　　(C) $\frac{1}{8}(\mathrm{e}^2+1)$　　(D) $\frac{1}{4}(\mathrm{e}^2-1)$

三、求下列不定积分

1. $\int \frac{10^{2\arccos x}}{\sqrt{1-x^2}}\mathrm{d}x$.　　2. $\int \frac{1}{x(1+2\ln x)}\mathrm{d}x$.

3. $\int \frac{\sin(\sqrt{x}+1)}{\sqrt{x}}\mathrm{d}x$.

4. $\int \frac{x}{\sqrt{2-3x^2}}\mathrm{d}x$.

5. $\int \sqrt{\mathrm{e}^x-1}\,\mathrm{d}x$.

6. $\int \frac{1}{(1+\sqrt[3]{x})\sqrt{x}}\mathrm{d}x$.

7. $\int \frac{x^2}{(\sqrt{1-x^2})^3}\mathrm{d}x$.

8. $\int \frac{\mathrm{d}x}{x^2\sqrt{x^2+4}}$.

9. $\int \frac{\sqrt{x^2-9}}{x}\mathrm{d}x$.

10. $\int \arcsin x\mathrm{d}x$.

11. $\int \ln(1+x^2)\mathrm{d}x$.

12. $\int x^2\cos x\mathrm{d}x$.

13. $\int x^2 e^x dx$.

14. $\int e^{\sqrt{3x+9}} dx$.

四、计算题

1. 求$\int \frac{x-3}{x^2-6x+13} dx$.

2. 求$\int \frac{8}{x^2-6x+13} dx$.

3. 若$\int f(x) dx = \frac{\sin x}{x} + c$时,求$\int x^3 f'(x) dx$.

4. $\lim\limits_{x \to 0} \frac{\int_0^x e^{t^2} \sin t dt}{x \sin x}$.

5. $\lim\limits_{x \to 0} \frac{\left(\int_0^x e^{t^2} dt\right)^2}{\int_0^x t e^{2t^2} dt}$.

6. $\int_0^1 \frac{dx}{e^x + e^{-x}}$.

7. $\int_1^{\sqrt{3}} \frac{dx}{x^2 \sqrt{1+x^2}}$.

8. $\int_{\frac{1}{e}}^{e} |\ln x| \, dx$.

9. $\int_0^1 x\arctan x \, dx$.

五、计算题

若 $f(x)$ 为奇函数，且 $f(1) = 1$，计算$\int_{-1}^{1} (x^3 + 1) f'(x) \, dx$.

六、证明题

若 $f(x)$ 是连续函数,证明:

(1) $\int_0^{\frac{\pi}{2}} f(\sin x)\mathrm{d}x = \int_0^{\frac{\pi}{2}} f(\cos x)\mathrm{d}x$;

(2) $\int_0^{\pi} xf(\sin x)\mathrm{d}x = \frac{\pi}{2}\int_0^{\pi} f(\sin x)\mathrm{d}x$.

七、计算题

1. 求曲线 $y^2 = 2x$，$y = x - 4$ 所围成图形的面积.

2. 求抛物线 $y = x^2 + 4x - 3$ 及其上两点$(0, -3)$，$(3, 0)$处切线所围成图形的面积.

3. 由曲线 $x^2+(y-5)^2=16$ 所围成图形绕 x 轴旋转所成旋转体的体积.

4. 过点(1, 0)作曲线 $y=\sqrt{x-2}$ 的切线,该切线与上述曲线及 x 轴围成一平面图形 A,(1) 求 A 的面积;(2) 求 A 绕 x 轴旋转一周所成的旋转体体积.

5. 当 a 为何值时,抛物线 $y=x^2$ 与直线 $x=a, x=a+1, y=0$ 所围成的图形面积最小.

第 4 章

微 分 方 程

4.1 微分方程的概念

4.1.1 选择题

1. 微分方程 $y''' + (y')^6 = x(Ax+B)e^x$，是(　　)微分方程.

(A) 一阶　　(B) 二阶　　(C) 六阶　　(D) 三阶

2. 函数 $y = c_1\cos\omega t + c_2\sin\omega t$ 是微分方程 $\dfrac{d^2y}{dt^2} + \omega^2 y = 0$ 的(　　).

(A) 通解　　(B) 特解

(C) 解，但不是通解　　(D) 不是解

4.1.2 填空题

1. 指出下列微分方程的阶数：

(1) $(y'')^2 + 5(y')^4 - 5y^5 + x^7 = 0$ ________；

(2) $(7x-6y)dx + (x+y)dy = 0$ ________；

(3) $L\dfrac{d^2Q}{dt^2} + R\dfrac{dQ}{dt} + \dfrac{Q}{c} = 0$ ________；

(4) $P(x)y^{(4)} + Q(x)y'' + R(x)y = f(x)$ ________.

2. 指出下列各题中所给的函数是否为微分方程的解：

(1) $xy' = 2y$，$y = 5x^2$ ________；

(2) $y'' - 2y' + y = 0$，$y = x^2e^x$ ________；

(3) $y'' - (\lambda_1+\lambda_2)y' + \lambda_1\lambda_2 y = 0$，$y = c_1e^{\lambda_1 x} + c_2e^{\lambda_2 x}$ ________.

4.1.3 计算题

1. 写出下列条件确定的曲线所满足的微分方程：曲线在点函数(x, y)处的切线的斜率等于该点横坐标的平方.

2. 已知曲线过点(1, 2)，且在该曲线上任意点(x, y)处的切线斜率为$3x^2$，求此曲线方程.

4.2　一阶微分方程

4.2.1　可分离变量微分方程

4.2.1.1　填空题

1. 指出下列方程是否是可分离变量微分方程：

(1) $(y+1)^2y'+x^3=0$ ____________________；

(2) $\sin x\cos y\mathrm{d}y=\sin y\cos x\mathrm{d}x$ ____________________；

(3) $\mathrm{d}x+xy\mathrm{d}y=xy^2\mathrm{d}x+y\mathrm{d}y$ ____________________；

(4) $xy\mathrm{d}x+(x^2+1)\mathrm{d}y=0$ ____________________.

2. 求出下列微分方程的通解：

(1) 方程 $2y\mathrm{d}y-\mathrm{d}x=0$ 的通解是________________________；

(2) 方程 $y'=2^{x+y}$ 的通解是________________________；

(3) 方程 $x\sec y\mathrm{d}x+(x+1)\mathrm{d}y=0$ 的通解是________________________.

4.2.1.2　计算题

1. 求下列微分方程满足初始条件的特解：

(1) $y'=y^3\sin x$，　$y(0)=1$；

(2) $y'=\dfrac{x(y^2+1)}{(x^2+1)^2}$，　$y(0)=0$；

(3) $\dfrac{\mathrm{d}y}{\mathrm{d}x}\sin x=y\ln y$，$y\Big|_{x=\frac{\pi}{2}}=\mathrm{e}$.

2. 一曲线通过点(2, 3),它在两坐标轴间的任一切线段均被切点所平分,求该曲线方程.

4.2.2 齐次方程

4.2.2.1 计算题

1. 求下列齐次方程的通解:

(1) $\dfrac{\mathrm{d}y}{\mathrm{d}x}=\dfrac{y}{x}+\tan\dfrac{y}{x}$;

(2) $(x^3+y^3)\mathrm{d}x+3xy^2\mathrm{d}y=0$;

(3) $(x^2+y^2-xy)\mathrm{d}x-xy\mathrm{d}y=0$.

4.2.3　一阶线性微分方程

4.2.3.1　填空题

1. 求出下列微分方程的通解：

(1) $y' + y\sin x = e^{\cos x}$ ________；

(2) $2y' - y = e^{x}$ ________；

(3) $y' + \dfrac{y}{x} = \dfrac{1}{x(x^2+1)}$ ________.

2. 求出下列微分方程满足初值条件的特解：

(1) $(y - 2xy)dx + x^2 dy = 0$，$y|_{x=1} = e$ ________；

(2) $\dfrac{dy}{dx} - y\tan x = \sec x$，$y|_{x=0} = 0$ ________.

4.2.3.2　计算题

1. $xy' + y = \sin x$，$y(\pi) = 1$.

2. 设 $y(x)$ 是可微函数,且满足 $\int_0^x y(x)\mathrm{d}x = y(x) - \mathrm{e}^x$,求 $y(x)$.

3. 求过原点的曲线,使其每一点的切线斜率等于横坐标的 2 倍与纵坐标之和.

4.3 二阶微分方程

4.3.1 可降阶的二阶微分方程

4.3.1.1 计算题

1. 求下列微分方程的通解：

(1) $y''=\sin x-2x$；

(2) $xy''-2y'=0$；

(3) $y''=2(y')^2$.

2. 求下列微分方程满足初始条件的特解：

(1) $y'''=12x+\cos x$，$y(0)=-1$，$y'(0)=y''(0)=1$；

(2) $x^2y''+xy'=1$，$y|_{x=1}=0$，$y'|_{x=1}=1$.

4.3.2 线性微分方程解的结构

4.3.2.1 选择题

1. 下列函数组中线性无关的是(　　).

(A) $x+1$, $x-1$　(B) 0, x^2　(C) e^{2+x}, e^{x-2}　(D) $\ln x$, $\ln x^2$

2. $y=c_1e^x+c_2e^{-2x}$ 是微分方程(　　)的通解.

(A) $y''+y'=0$　(B) $y'+y=0$

(C) $y''+y'-2y=0$　(D) $y''-2y'+y=0$

3. y_1, y_2, y_3 是微分方程 $y''+p(x)y'+q(x)y=R(x)$ 的三个不同的解,且 $\frac{y_1-y_2}{y_2-y_3}$ 不是常数,则方程的通解为(　　).

(A) $c_1y_1+c_2y_2$　(B) $c_1(y_1-y_2)+c_2(y_2-y_3)+y_3$

(C) $c_1y_2+c_2y_3$　(D) $c_1(y_1-y_2)+c_2(y_2-y_3)$

4.3.2.2 填空题

1. 微分方程 $y''=\frac{2xy'}{1+x^2}$ 满足初始条件 $y(0)=1$, $y'(0)=3$ 的特解为__________.

2. 若 y_1, y_2 是某二阶线性齐次微分方程的解,则 $c_1y_1+c_2y_2$ 是此方程的__________.

4.3.2.3 证明题

1. 求证:$y=c_1e^x+c_2e^{2x}+\frac{1}{12}e^{5x}$ 是微分方程 $y''-3y'+2y=e^{5x}$ 的通解.

2. 求证:$y=c_1\cos 3x+c_2\sin 3x+\frac{1}{32}(4x\cos x+\sin x)$ 是微分方程 $y''+9y=x\cos x$ 的通解.

4.3.3 二阶常系数齐次线性微分方程的解法

4.3.3.1 填空题

1. 以 $y_1=\sin x$，$y_2=\cos x$ 为特解的二阶常系数线性齐次微分方程是__________.
2. 微分方程 $y''-4y'-5y=0$ 的通解是____________________.
3. 微分方程 $\dfrac{d^2x}{dt^2}-4\dfrac{dx}{dt}+5x=0$ 的通解是____________________.
4. 微分方程 $4y''+4y'+y=0$ 满足 $y(0)=2$，$y'(0)=0$ 的特解是__________.

4.3.3.2 计算题

1. 求下列微分方程的通解：

(1) $y''-2y'-3y=0$；

(2) $y''+4y'+4y=0$；

(3) $y''+16y=0$；

(4) $3y''-2y'-8y=0$.

2. 求解下列微分方程满足所给初值条件的特解：

(1) $y''+2y'+y=0$，$y|_{x=0}=4$，$y'|_{x=0}=-2$；

(2) $y''+4y'+29y=0$，$y(0)=0$，$y'(0)=15$.

4.3.4　二阶常系数非齐次线性微分方程的解法

4.3.4.1　选择题

1. 方程 $y''+16y=\sin 4x$ 的特解形式为 $y^*=$（　　）.

(A) $A\cos 4x+B\sin 4x$　　(B) $x(A\cos 4x+B\sin 4x)$

(C) $A\cos 4x-B\sin 4x$　　(D) $x^2(A\cos 4x+B\sin 4x)$

2. 方程 $y''-2y'=xe^{2x}$ 的特解具有形式（　　）.

(A) $y^*=Axe^{2x}$　　(B) $y^*=(Ax+B)e^{2x}$

(C) $y^*=x(Ax+B)e^{2x}$　　(D) $y^*=x^2(Ax+B)e^{2x}$

4.3.4.2　选择题(给出下列各微分方程特解的正确形式,不必计算)

1. $2y''+y'+y=2e^x$,特解形式为____________________.

2. $2y''+5y'=5x^2-2x-1$,特解形式为____________________.

3. $2y''+3y'+2y=3xe^x$,特解形式为____________________.

4.3.4.3　计算题

1. 求下列微分方程的通解：

(1) $y''-3y'+2y=xe^x$；

(2) $y''-4y'+4y=\frac{1}{2}e^x$；

(3) $y''+y=x+e^x$；

(4) $y'' + y = 4\sin x$.

2. 求下列方程满足初始条件的特解：

(1) $y'' - 10y' + 9y = e^{2x}$，$y(0) = \frac{6}{7}$，$y'(0) = \frac{33}{7}$；

(2) $y'' - y = 4xe^{x}$，$y(0) = 0$，$y'(0) = 1$.

复习题四

一、选择题

1. 设非齐次线性微分方程 $y'+P(x)y=Q(x)$ 有两个不同的解 $y_1(x)$ 与 $y_2(x)$，C 是任意常数，则该方程的通解是________.

(A) $C[y_1(x)+y_2(x)]$　　(B) $C[y_1(x)-y_2(x)]$

(C) $y_1(x)+C[y_1(x)+y_2(x)]$　　(D) $y_1(x)+C[y_1(x)-y_2(x)]$

2. 微分方程 $y''+4y=\sin 2x$ 的一个特解形式是________.

(A) $C\cos 2x+D\sin 2x$　　(B) $D\sin 2x$

(C) $x[C\cos 2x+D\sin 2x]$　　(D) $xD\sin 2x$

二、填空题

1. 已知方程 $(3x+2x^2)y''-6(1+x)y'+6y=0$ 的两个解分别为 $y_1=x+1$，$y_2=x^3$，则通解为________________________.

2. 已知二阶常系数线性齐次微分方程的两个特征根为 0 和 1，则通解为____________.

3. 已知二阶常系数线性齐次微分方程的两个特征根为 $r_1=\alpha+i\beta$ 和 $r_2=\alpha-i\beta$，则通解为____.

4. 方程 $y''-y=xe^x$ 的特解可以设为________________________.

5. 方程 $\frac{d^2x}{dt^2}-4\frac{dx}{dt}+4x=0$ 的通解是____.

6. 方程 $2x''(t)+x'(t)+3x(t)=0$ 的通解是________________________________.

7. 方程 $y''-4y+2=0$ 的通解是____.

8. 微分方程 $xy'+y=0$ 满足初始条件 $y(1)=1$ 的特解是______________________.

三、计算题

1. 求下列微分方程的通解：

(1) $(1+y^2)dx=xy(x+1)dy$；　　(2) $xy'+y=\sin x$；

(3) $y'' + 2y' - 3y = (2x + 1)e^{x}$.

2. 求 $2y'' - 3y' + y = 0$ 满足条件 $y(0) = 3$，$y'(0) = 1$ 的特解.

3. 求 $y''+3y'+2y=4\mathrm{e}^{-2x}$ 的通解.

4. 已知连续函数 $f(x)$ 满足方程 $f(x)=\int_0^{3x} f\left(\frac{t}{3}\right)\mathrm{d}t+\mathrm{e}^{2x}$,求 $f(x)$.

模 拟 题 一

一、选择题(本大题共 5 小题,每小题有四个选项,其中只有一个选项是正确的,请将你认为是正确的选项填在题后括号内. 每小题 3 分,共 15 分)

1. 设 $f(x)=\begin{cases}\dfrac{\sin 2x}{x}, & x<0,\\ \left(1+\dfrac{x^2}{3}\right)^{\frac{1}{x^2}}, & x>0.\end{cases}$ 则 $x=0$ 是 $f(x)$ 的(　　).

(A) 连续点　　(B) 可去间断点

(C) 跳跃间断点　　(D) 第二类间断点

2. 函数 $f(x)=\arcsin\sqrt{x}$,则 $f'\left(\dfrac{1}{2}\right)=$(　　).

(A) 1　　(B) $\sqrt{2}$　　(C) $\dfrac{1}{\sqrt{2}}$　　(D) $\dfrac{1}{2}$

3. 设 $f(x)$ 的一个原函数是$\dfrac{x^2}{2}$,则$\int f(x)\cos x\mathrm{d}x=$(　　).

(A) $-\sin x+C$　　(B) $\sin x+C$

(C) $x\sin x+\cos x+C$　　(D) $x\sin x-\cos x+C$

4. 设函数 $f(x)$ 满足$\int_0^x f(t)\mathrm{d}t=\ln(1+x^2)$,则 $f(x)=$(　　).

(A) $\dfrac{1}{1+x^2}$　　(B) $\dfrac{x}{1+x^2}$　　(C) $2x$　　(D) $\dfrac{2x}{1+x^2}$

5. 反常积分$\int_{-\infty}^{+\infty}\dfrac{1}{1+x^2}\mathrm{d}x=$(　　).

(A) π　　(B) 0　　(C) $\dfrac{\pi}{2}$　　(D) 发散

二、填空题(本大题共 5 小题,每小题 3 分,共 15 分)

1. 已知 $f'(1)=2$,则$\lim\limits_{h\to 0}\dfrac{f(1-h)-f(1)}{2h}=$ ________.

2. 设函数 $y=y(x)$ 由方程 $\mathrm{e}^{x+y}+\cos(xy)=0$ 确定,则$\dfrac{\mathrm{d}y}{\mathrm{d}x}=$ ________________.

3. 双曲线 $xy=1$ 在点(1, 1) 处的曲率半径 $R=$ ________.

4. 设 $f(x)$ 为连续函数,则$\int_{-1}^{1}x[f(x)+f(-x)]\mathrm{d}x=$ ________.

5. 曲线 $y=x^2$, $x=y^2$ 所围区域绕 y 轴所产生的旋转体的体积 $V=$ ________.

三、计算题(本大题共 8 小题,每小题 7 分,共 56 分,解题须有过程.)

1. 求极限$\lim\limits_{x\to 0}\dfrac{\int_0^x e^{t^2}\sin t\mathrm{d}t}{x\sin x}$.

2. 设$\begin{cases} x=\ln(1+t^2), \\ y=t-\arctan t. \end{cases}$求$\dfrac{\mathrm{d}^2y}{\mathrm{d}x^2}$.

3. 已知$\lim\limits_{x\to 2}\dfrac{x^2+ax+b}{x-2}=8$,求常数 a 与 b 的值.

4. 求函数 $f(x)=x-\dfrac{3}{2}x^{\frac{2}{3}}+\dfrac{1}{2}$ 的单调区间和极值.

5. 求不定积分$\int\dfrac{x-2}{\sqrt{9-x^2}}\mathrm{d}x$.

6. 求不定积分$\int x \arctan x \mathrm{d}x$.

7. 设$f(x)=\begin{cases}\dfrac{1}{1+4x^2}, & x\geqslant 0,\\ \dfrac{\mathrm{e}^x}{1+\mathrm{e}^x}, & x<0.\end{cases}$求定积分$\int_{-1}^{\frac{1}{2}} f(x)\mathrm{d}x$.

8. 求曲线$y=\dfrac{2}{3}x^{\frac{3}{2}}$上自$x=0$至$x=3$的一段弧长.

四、应用题(本题 7 分)

1. 求(1) 已知曲线 $y = e^{-x}$ 上某点处的切线过原点,求该点坐标;

(2) 曲线和该点处的切线以及 y 轴所围图形的面积.

五、证明题(本题 7 分)

证明 $x > 0$ 时,$(1 + x)\ln(1 + x) > \arctan x$.

模 拟 题 二

一、选择题(本大题共 5 小题,每小题有四个选项,其中只有一个选项是正确的,请将你认为是正确的选项填在题后括号内. 每小题 3 分,共 15 分)

1. 设曲线 $y=x^2+x-2$ 在点 M 处的切线斜率为 3,则点 M 的坐标是(　　).

(A) $(-2, 0)$　　(B) $(1, 0)$　　(C) $(0, -2)$　　(D) $(2, 4)$

2. $x=0$ 是 $f(x)=\dfrac{1}{1+2^{\frac{1}{x}}}$ 的(　　).

(A) 连续点　　(B) 跳跃间断点　　(C) 可去间断点　　(D) 第二类间断点

3. 已知函数 $f(x)=xe^x$,则 $f^{(10)}(x)=$ (　　).

(A) $10xe^x$　　(B) $11xe^x$　　(C) $(x+10)e^x$　　(D) $(x+11)e^x$

4. 设函数 $f(x)$ 的导函数为 $\sin x$,则 $f(x)$ 的一个原函数为(　　).

(A) $1-\sin x$　　(B) $1+\sin x$　　(C) $1-\cos x$　　(D) $1+\cos x$

5. 已知 $\int_{-\infty}^{0} e^{ax}\,dx=\dfrac{1}{2}$,则 $a=$ (　　).

(A) 1　　(B) $\dfrac{1}{2}$　　(C) 2　　(D) 3

二、填空题(本大题共 5 小题,每小题 3 分,共 15 分)

1. 已知 $f\left(\dfrac{1}{x}\right)=\dfrac{x}{1+x}$, $x>0$,则 $\int_0^1 f(x)\,dx=$ ________.

2. 曲线 $y=2+\dfrac{3x^2}{x^2-4}$ 的水平渐近线是________,铅直渐近线是________________.

3. 已知 $a>0$,当 $x\to 0$ 时,$e^{ax}-ax-1$ 与 $1-\cos x$ 是等价无穷小,则常数 $a=$ ________.

4. 设函数 $y=y(x)$ 由方程 $x^2+y^2-xy=1$ 确定,则 $\dfrac{dy}{dx}=$ ________.

5. 曲线 $y=x^2$ 在点$(1,1)$处的曲率半径 $R=$ ________.

三、解答题(本大题共 7 小题,每小题 7 分,共 49 分,解题须有过程.)

1. 求极限 $\lim\limits_{x\to 0}\dfrac{e^{x^2}-1-x^2}{(1-\cos x)\sin^2 x}$.

2. 已知函数 $f(x)=\begin{cases}x^2+a, & x\geqslant 0,\\(1+x)^{-\frac{2}{x}}, & x<0\end{cases}$ 在 $x=0$ 处连续,求 a 的值.

3. 求函数 $y=(\sin x)^x$ 的导数.

4. 求函数 $f(x)=\dfrac{2}{3}x-\sqrt[3]{x^2}$ 的单调区间和极值.

5. 求不定积分 $\int e^{2x}\sin x\mathrm{d}x$.

6. 求不定积分$\int \frac{\mathrm{d}x}{\sqrt{x}+\sqrt[4]{x}}$.

7. 设函数 $f(x)$ 满足 $f(x)=x^2-\int_0^1 f(x)\mathrm{d}x$,求 $f(x)$.

四、应用题(本大题共 2 小题,每小题 7 分,共 14 分)

1. 如图 1 所示,求曲线段 $y=x^2(0\leqslant x\leqslant 1)$ 上一点处的切线,使该切线与直线 $y=0$, $x=1$ 和曲线 $y=x^2$ 所围成图形的面积最小.

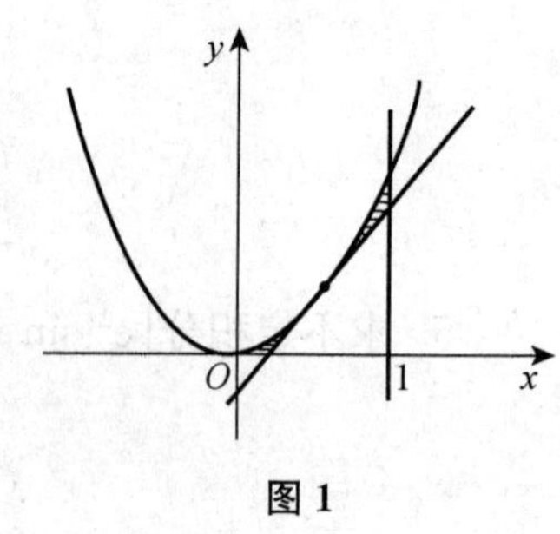

图 1

2. 有一等腰梯形闸门，它的两条底边各长 10 m 和 6 m，高为 20 m. 较长的底边和水面相齐，计算闸门的一侧所受的水压力.

五、证明题(本题 7 分)

证明方程 $x\ln x+\frac{1}{\mathrm{e}}=0$ 只有一个实根.

参 考 答 案

第1章　函数、极限与连续

习题 1.1

1.1.1 1. √. 2. ×. 3. ×. 4. ×.

1.1.2 1. (1, 3). 2. $\{x \mid x \geqslant -2$ 且 $x \neq \pm 1\}$. 3. 奇函数,原点. 4. $(0, +\infty)$, $(-\infty, 0)$. 5. $t^6 + 1$, $t^6 + 2t^3 + 1$.

1.1.3 1. C. 2. C.

1.1.4 $\left(-\frac{1}{2}, 1\right) \cup (1, +\infty)$.

1.1.5 1. $(-\infty, +\infty)$. 2. $[-2, 4]$.

1.1.6 1. $f(1) = 1$, $f(-1) = -1$. 2. $f(0.1) = 0.9$, $f(1.1) = 1.1$, $f(-0.1) = -0.1$.

习题 1.2

1.2.1 1. 2. 2. 不存在. 3. 0. 4. 1. 5. 1.

1.2.2 1. 收敛,极限是 0. 2. 收敛,极限是 1. 3. 收敛,极限是 0. 4. 发散.

习题 1.3

1.3.1 1. −1, 1,不存在. 2. −1, −1, −1.

1.3.2 1. B. 2. C.

1.3.3 1. $\lim\limits_{x \to -2} f(x) = 0$. 2. $\lim\limits_{x \to -1} f(x) = -1$. 3. $\lim\limits_{x \to 0} f(x)$ 不存在,因为 $f(0^+) \neq f(0^-)$.

4. $\lim\limits_{x \to 0^+} f(x) = -1$, $\lim\limits_{x \to 0^-} f(x) = 1$, $x \to 0$ 时极限不存在; $\lim\limits_{x \to 1^+} f(x) = +\infty$, $\lim\limits_{x \to 1^-} f(x) = -\infty$, $x \to 1$ 时极限不存在.

习题 1.4

1.4.1 极限不存在.

1.4.2 A.

习题 1.5

1.5.1 1. a. 2. $\frac{a}{b}$. 3. 1. 4. $e^{\frac{1}{3}}$. 5. e^{-6}. 6. e^{ab}.

1.5.2 1. 0. 2. 2. 3. x. 4. $\frac{1}{2}$. 5. e^{-1}. 6. $\frac{1}{e}$. 7. e^{-2}. 8. -2.

1.5.3 略.

习题 1.6

1.6.1 1, 4, 8 是无穷小量. 2, 5 是无穷大量. 3, 6, 7 既不是无穷小量,也不是无穷大量.

1.6.2 1. $x^2 - x^3 = o(2x - x^2)$.

2. $1-x$ 和 $1-x^3$ 在 $x \to 1$ 时为同阶无穷小,但不等价, $1-x$ 和 $\frac{1}{2}(1-x^2)$ 在 $x \to 1$ 时为等价无穷小.

1.6.3 1. 2. 2. $\frac{2}{3}$. 3. $\begin{cases} 0 & n > m, \\ 1 & n = m, \\ \infty & n < m. \end{cases}$ 4. $\frac{1}{2}$.

1.6.4 $y = 0$ 是函数图形的水平渐近线, $x = -2$ 及 $x = 2$ 都是函数图形的铅直渐近线.

习题 1.7

1.7.1 1. $e-1$. 2. $\frac{1}{2}$. 3. -1. 4. 1,一,跳跃. 5. 1,一,可去,0. 6. 0,二.

1.7.2 1. 1. 2. 0. 3. 1. 4. e^3. 5. e^6. 6. $e^{-\frac{3}{2}}$.

1.7.3 连续区间为: $(-\infty, -3)$, $(-3, 2)$, $(2, +\infty)$, $\frac{1}{2}$, $-\frac{8}{5}$, ∞.

1.7.4 $x = 0$, $x = \pm 2$, $x = 0$ 是第二类无穷间断点, $x = \pm 2$ 是第一类可去间断点,可以补充定义 $f(-2) = 2$, $f(2) = 0$.

1.7.5 略.

复习题一

一、选择题

1. D. 2. B. 3. C. 4. B. 5. C. 6. A.

二、填空题

1. $(-\infty, 0) \cup (0, 3]$. 2. $y = u^3$, $u = \arcsin v$, $v = 1 - x^2$.

3. $\frac{2^{10} \cdot 5^{25}}{3^{35}}$. 4. 3. 5. 0. 6. 3.

三、求下列极限

解 1. $\because \lim \frac{(x-1)^2}{x^2 - x + 1} = 0$, $\therefore \lim \frac{x^2 - x + 1}{(x-1)^2} = \infty$.

2. $\lim\limits_{x\to+\infty} x(\sqrt{x^2+1}-x)=\lim\limits_{x\to+\infty}\dfrac{x(x^2+1-x^2)}{\sqrt{x^2+1}+x}=\dfrac{1}{2}$.

3. 原式 $=\lim\limits_{x\to\infty}\left(1+\dfrac{2}{2x+1}\right)^{x+1}=\lim\limits_{x\to\infty}\left(1+\dfrac{1}{x+\dfrac{1}{2}}\right)^{x+\frac{1}{2}+\frac{1}{2}}=\mathrm{e}$.

4. 原式 $=\lim\limits_{x\to0}\dfrac{\tan x-\sin x}{x^3}=\lim\limits_{x\to0}\dfrac{\sin x(1-\cos x)}{x^3\cos x}=\lim\limits_{x\to0}\dfrac{x\cdot\dfrac{1}{2}x^2}{x^3}=\dfrac{1}{2}$.

5. $\lim\limits_{n\to\infty}2^{\frac{1}{2}+\frac{1}{4}+\cdots+\frac{1}{2^n}}=\lim\limits_{n\to\infty}2^{\frac{\frac{1}{2}\left(1-\frac{1}{2^n}\right)}{1-\frac{1}{2}}}=\lim\limits_{n\to\infty}\left(1-\dfrac{1}{2^n}\right)=2$.

6. $\lim\limits_{x\to0^+}\dfrac{\sqrt{2-2\cos x}}{x}=\lim\limits_{x\to0^+}\dfrac{\sqrt{2(1-\cos x)}}{x}=\lim\limits_{x\to0^+}\dfrac{\sqrt{2\cdot\dfrac{1}{2}x^2}}{x}=\lim\limits_{x\to0^+}\dfrac{|x|}{x}=1$.

四、解 $f(0-0)=\lim\limits_{x\to0^-}\dfrac{\sin 6x}{2x}=\lim\limits_{x\to0^-}\dfrac{6x}{2x}=3$，$f(0+0)=\lim\limits_{x\to0^+}(1+bx)^{\frac{b}{bx}}=\mathrm{e}^b$，$f(0)=a$，由函数连续定义知 $f(0-0)=f(0+0)=f(0)$，得 $3=\mathrm{e}^b=a$，故 $a=3$，$b=\ln 3$.

五、解 $\lim\limits_{x\to\infty}\dfrac{x^2+1-(ax+b)(x+1)}{x+1}=\lim\limits_{x\to\infty}\dfrac{(1-a)x^2-(a+b)x+1-b}{x+1}$，因为极限存在，故 $\begin{cases}1-a=0,\\-(a+b)=1,\end{cases}$ 得 $\begin{cases}a=1,\\b=-2.\end{cases}$

六、解 1. $\lim\limits_{x\to\infty}\sin\dfrac{1}{x}=0$；$\lim\limits_{x\to\infty}x\sin\dfrac{1}{x}=1$；$\lim\limits_{x\to\infty}\dfrac{1}{x}\sin x=0$.

2. 以上函数在 $x=0$ 处均不连续，$x=0$ 是 $\sin\dfrac{1}{x}$ 的第二类间断点；是 $x\sin\dfrac{1}{x}$ 的第一类可去间断点，可补充定义为 $f(0)=0$；是 $\dfrac{1}{x}\sin x$ 的第一类可去间断点，可补充定义为 $f(0)=1$.

七、解 $\lim\limits_{x\to0^-}f(x)=0$，$\lim\limits_{x\to0^+}f(x)=\mathrm{e}^{-1}$，所以，$x=0$ 是第一类跳跃间断点；$\lim\limits_{x\to1^-}f(x)=\lim\limits_{x\to1^-}\mathrm{e}^{\frac{1}{x-1}}=0$，$\lim\limits_{x\to1^+}f(x)=\lim\limits_{x\to1^+}\mathrm{e}^{\frac{1}{x-1}}=\infty$，$x=1$ 是第二类间断点.

八、解 设第一段长度为 a，则正方形的边长为 $\dfrac{a}{4}$，于是正方形面积等于 $S_1=\dfrac{a^2}{16}$，第二段长度为 $100-a$，这是圆的周长，于是圆的半径为 $\dfrac{100-a}{2\pi}$，于是圆的面积等于

$$S_2=\pi r^2=\frac{(100-a)^2}{4\pi},$$

所以 $S=S_1+S_2=\dfrac{a^2}{16}+\dfrac{(100-a)^2}{4\pi}$.

九、证明 令 $f(x)=\sin x+x+1$，

因为 $f\left(-\frac{\pi}{2}\right)=\sin\left(-\frac{\pi}{2}\right)-\frac{\pi}{2}+1=-\frac{\pi}{2}<0$，$f\left(\frac{\pi}{2}\right)=\sin\frac{\pi}{2}+\frac{\pi}{2}+1=\frac{\pi}{2}+2>0$，

又 $f(x)$ 在 $\left[-\frac{\pi}{2},\frac{\pi}{2}\right]$ 内连续，由零点定理得：

在 $\left(-\frac{\pi}{2},\frac{\pi}{2}\right)$ 内至少存在一点 ξ，使得 $f(\xi)=0$，即

方程 $\sin x+x+1=0$ 在 $\left(-\frac{\pi}{2},\frac{\pi}{2}\right)$ 内至少存在一个根.

第 2 章　一元函数微分学及其应用

习题 2.1

2.1.1　1. (1) $-f'(x_0)$；(2) $2f'(x_0)$；(3) $f'(x_0)$.

2. 充分，必要，充要.

3. $x-y+1=0$，$x+y-1=0$.

4. 12 m/s.

5. 100!.

2.1.2　1. B.　2. D.　3. B.

2.1.3　1. -1，-1.

2. $y-\frac{1}{2}=-\frac{\sqrt{3}}{2}\left(x-\frac{\pi}{3}\right)$，$y-\frac{1}{2}=\frac{2\sqrt{3}}{3}\left(x-\frac{\pi}{3}\right)$.

3. 1.

4. $f(x)$ 在 $x=0$ 处连续，$f(x)$ 在 $x=0$ 处可导，且 $f'(0)=0$.

习题 2.2

2.2.1

2.2.1.1　1. ×.　2. ×.　3. ×.　4. √.　5. ×.　6. ×.　7. ×

2.2.1.2　1. $\frac{\cos x}{\pi}$.　2. $\sec^2 x+\sec x\tan x$.　3. $\alpha x^{\alpha-1}+\alpha^x\ln\alpha$.　4. $\frac{x\cos x-\sin x}{x^2}$.
5. $2x\ln x+x$.　6. $-3\sin(3x+1)$.　7. $-18(10-2x)^8$.　8. $3\tan^2x\sec^2x$.

9. $\frac{1}{2(1+x)\sqrt{x}}$.　10. $\sec x$.

2.2.1.3　1. $2\sec^2x\tan x\sin x+\sec^2x\cos x$.　2. $-\frac{\ln 3}{2}\cdot 3^{-\sin^2\frac{x}{2}}\cdot\sin x-\tan x$.

3. $-3\sin 3x\cdot\sin(2\cos 3x)$. 4. $f'(0)=-\dfrac{2}{3}$.

5. $f'(0)=-\ln a$. 6. $\arcsin\dfrac{x}{2}$.

7. $\dfrac{1}{x\ln x\cdot\ln(\ln x)}$. 8. $\dfrac{1}{\sqrt{a^2+x^2}}$.

9. $\sin 2x[f'(\sin^2 x)-f'(\cos^2 x)]$.

2.2.2

2.2.2.1 1. $-4\sin 2x$. 2. $(4x^3+6x)e^{x^2}$. 3. 207 360. 4. $-\cos x$. 5. $-4e^x\cos x$.

2.2.2.2 1. $y'=2x\arctan x+1$, $y''=2\arctan x+\dfrac{2x}{1+x^2}$.

2. $y'-\dfrac{-x}{\sqrt{a^2-x^2}}$, $y''=\dfrac{-\sqrt{a^2-x^2}+x\cdot\dfrac{-x}{\sqrt{a^2-x^2}}}{a^2-x^2}=-\dfrac{a^2}{(a^2-x^2)^{\frac{3}{2}}}$.

3. $y'=\dfrac{-2x}{1-x^2}$, $y''=\dfrac{-2(1-x^2)+2x(-2x)}{(1-x^2)^2}=-\dfrac{2(1+x^2)}{(1-x^2)^2}$.

4. $y'=\dfrac{1}{x+\sqrt{1+x^2}}\left(1+\dfrac{2x}{2\sqrt{1+x^2}}\right)=\dfrac{1}{\sqrt{1+x^2}}=(1+x^2)^{-\frac{1}{2}}$.

$y''=-\dfrac{1}{2}(1+x^2)^{-\frac{3}{2}}\cdot 2x=-\dfrac{x}{(1+x^2)^{\frac{3}{2}}}$.

5. $y'=e^x+xe^x=(x+1)e^x$, $y''=e^x+(x+1)e^x=(x+2)e^x$, …, $y^{(n)}=(x+n)e^x$.

2.2.3

2.2.3.1 1. $\dfrac{x}{y}$. 2. $\dfrac{y\sin(xy)-e^{x+y}}{e^{x+y}-x\sin(xy)}$. 3. $x^x(1+\ln x)$. 4. $\dfrac{1}{2}$.

2.2.3.2 1. $\dfrac{dy}{dx}=\dfrac{y}{1+y}$. 2. $\dfrac{dy}{dx}=\dfrac{y-e^{x+y}}{e^{x+y}-x}=\dfrac{y-xy}{xy-x}$. 3. $y'=\dfrac{e^x-y\cos(xy)}{e^y+x\cos(xy)}$, $y'|_{x=0}=1$.

4. $\dfrac{dy}{dx}=-\csc^2(x+y)$. 5. $y'=\left(\dfrac{x}{1+x}\right)^x\left(\dfrac{1}{1+x}+\ln\dfrac{x}{1+x}\right)$.

6. $y'=\sqrt[5]{\dfrac{x-5}{\sqrt[5]{x^2+2}}}\left[\dfrac{1}{5(x-5)}-\dfrac{2x}{25(x^2+2)}\right]$.

2.2.3.3 切线方程为 $x+y-\dfrac{\sqrt{2}a}{2}=0$,法线方程为 $x-y=0$.

2.2.4

2.2.4.1 1. $\dfrac{3b}{2a}t$. 2. $\left.\dfrac{dy}{dx}\right|_{t=\frac{\pi}{4}}=1$. 3. (1) $\dfrac{d^2y}{dx^2}=-\dfrac{b}{a^2}\csc^3 t$; (2) $\dfrac{d^2y}{dx^2}=\dfrac{1+t^2}{4t}$.

2.2.4.2 切线方程为 $y-\frac{12a}{5}=-\frac{4}{3}\left(x-\frac{6a}{5}\right)$，即 $4x+3y-12a=0$，
法线方程为 $3x-4y+6a=0$.

2.2.5

2.2.5.1 1. 0.14 弧度 /min. 2. 水面上升速度为 0.204 m/min. 3. $\frac{1}{4\pi}$ cm/s.
4. -2.8 km/h. 5. 2.25 m/s.

习题 2.3

2.3.1 1. $(\sin 2x+2x\cos 2x)\mathrm{d}x$. 2. $\left(-\frac{1}{x^2}+\frac{1}{\sqrt{x}}\right)\mathrm{d}x$. 3. $-\frac{1}{2\sqrt{x}}\tan\sqrt{x}\,\mathrm{d}x$.
4. $8x\tan(1+2x^2)\sec^2(1+2x^2)\mathrm{d}x$. 5. $-\frac{1}{1+x^2}f'\left(\arctan\frac{1}{x}\right)\mathrm{d}x$. 6. $\frac{3}{2}x^2+C$.
7. $-\frac{1}{2}\mathrm{e}^{-2x}+C$. 8. $-\frac{1}{\omega}\cos\omega x+C$. 9. $\frac{1}{3}\tan 3x+C$. 10. $2\sqrt{x}+C$.

2.3.2 1. $\mathrm{d}y=3x^{3x}(1+\ln x)\mathrm{d}x$.
2.(1) $\mathrm{d}y=-\frac{2x+y}{x+2y}\mathrm{d}x$；(2) $\mathrm{d}y=-\frac{\mathrm{e}^x\sin y+\mathrm{e}^{-y}\sin x}{\mathrm{e}^x\cos y+\mathrm{e}^{-y}\cos x}\mathrm{d}x$.
3.(1) $\cos 29°\approx 0.87475$；(2) $\ln 1.02\approx 0.02$.

习题 2.4

2.4.1

2.4.1.1 1. D. 2. A.

2.4.1.2 1. 略.
2. $f'(x)=0$ 有 2 个实根：ξ_1，ξ_2，它们分别属于(1, 2)，(2, 4) 这两个区间.
3. 略.
4. 略.

2.4.2

2.4.2.1 1. ×. 2. ×. 3. ×.

2.4.2.2 1. 0. 2. 0. 3. $\frac{1}{6}$. 4. 2. 5. $\frac{m}{n}a^{m-n}$. 6. 1. 7. $\frac{1}{2}$. 8. $-\frac{1}{2}$.
9. 1. 10. 1.

2.4.2.3 略.

习题 2.5

2.5.1

2.5.1.1 1.(1) 函数在 $(-\infty,-1]$ 和 $[3,+\infty)$ 内单调递增，在 $[-1,3]$ 内单调递减；
(2) 函数在 $(0,2]$ 内单调递减，在 $[2,+\infty)$ 内单调递增；

(3) 函数在$(-\infty, +\infty)$内单调递增;

(4) 函数在$\left(-\infty, \frac{1}{2}\right]$内单调递减,在$\left[\frac{1}{2}, +\infty\right)$内单调递增.

2. (1) y在$(-\infty, +\infty)$内是凸函数; (2) y在$(-\infty, +\infty)$内是凹函数.

3. y在$(-\infty, -1)$和$[1, +\infty)$内是凸函数,在$[-1, 1]$内是凹函数. 拐点是$(\pm 1, \ln 2)$.

4. $a=-\frac{3}{2}$, $b=\frac{9}{2}$.

2.5.1.2 略.

2.5.2

2.5.2.1 1. $y=0$, $x=-1$, $x=5$. 2. $y=0$, $x=-2$. 3. $x=0$. 4. $y=-1$.

2.5.2.2 1. (1) $f(x)$在$x=3$点取的极小值且$f(3)=-47$;

$f(x)$在$x=-1$点取的极大值且$f(-1)=17$;

(2) $f(x)$在$x=0$点取的极小值且$f(0)=0$;

(3) $x=0$点取得极小值且$f(0)=0$, $x=-1$点取得极大值且$f(-1)=1$, $x=1$点取得极大值且$f(1)=1$;

(4) $f(x)$在$x=\frac{3}{4}$点取的极大值且$f\left(\frac{3}{4}\right)=\frac{5}{4}$;

(5) $f(x)$在$x=2$点取的极大值且$f(2)=1$;

(6) $f(x)$在$x=\frac{7}{11}$点取的极大值且$f\left(\frac{7}{11}\right)\approx 2.2$, $f(x)$在$x=1$点取的极小值且$f(1)=0$.

2. (1) 最大值为$f(4)=80$,最小值为$f(-1)=-5$; (2) 最大值为$f\left(\frac{3}{4}\right)=\frac{5}{4}$,最小值为$f(-5)=-5+\sqrt{6}$.

2.5.2.3 1. 250.

2. D点选在距离A点15 km处时总运费最省.

3. $x=2\sqrt{\frac{10}{\pi+4}}\approx 2.366$ m时,其截面面积最小.

4. 存砖够用.

2.5.3

2.5.3.1 1. 略. 2. 略. 3. 略.

习题 2.6

2.6.1 1. 直线. 2. $\frac{1}{R}$, R. 3. $\left(-\frac{b}{2a}, -\frac{b^2-4ac}{4a}\right)$. 4. $\frac{\sqrt{2}}{2}$. 5. $\frac{\sqrt{2}}{2}$.

2.6.2 1. $K=\left|\frac{2}{3a\sin 2t_0}\right|$. 2. $K=\frac{3}{50}\sqrt{10}$. 3. $K=0$.

复习题二

一、填空题

1. -1.　2. $x^{\sin x}\left(\cos x\ln x+\dfrac{\sin x}{x}\right)$.　3. $-\dfrac{dx}{\arctan(1-x)\cdot[1+(1-x)^2]}$.

4. $(1+2t)e^{2t}$.　5. $y=1$，$x=1$.　6. $\dfrac{1}{\ln 2}$.　7. $\dfrac{1}{2}$.

二、选择题

1. B.　2. C.　3. A.　4. B.　5. A.

三、计算题

1. 解　$y'=\left(\ln\tan\dfrac{x}{2}-\cos x\cdot\ln\tan x\right)'$

$$=\left(\ln\tan\frac{x}{2}\right)'-(\cos x\cdot\ln\tan x)'$$

$$=\frac{1}{\tan\frac{x}{2}}\cdot\sec^2\frac{x}{2}\cdot\frac{1}{2}-\left(-\sin x\cdot\ln\tan x+\cos x\cdot\frac{1}{\tan x}\cdot\sec^2 x\right)$$

$$=\frac{\cos\frac{x}{2}}{\sin\frac{x}{2}}\cdot\frac{1}{\cos^2\frac{x}{2}}\cdot\frac{1}{2}-\left(-\sin x\cdot\ln\tan x+\cos x\cdot\frac{\cos x}{\sin x}\cdot\frac{1}{\cos^2 x}\right)$$

$$=\frac{1}{\sin x}-\left(-\sin x\cdot\ln\tan x+\frac{1}{\sin x}\right)=\sin x\cdot\ln\tan x.$$

2. 解　当 $x=0$ 时，$y=e$.

方程两边同时对 x 求导，可得：

$$\cos xy\cdot(y+xy')-\frac{y}{x+1}\cdot\frac{y-(x+1)y'}{y^2}=0$$

整理得：$y'=\dfrac{\dfrac{1}{x+1}-y\cos xy}{x\cos xy+\dfrac{1}{y}}$

$\therefore y'|_{x=0}=e-e^2$.

3. 解　$\dfrac{dy}{dx}=\dfrac{3t^2}{\frac{1}{t}}=3t^3$，$\dfrac{d^2y}{dx^2}=\dfrac{9t^2}{\frac{1}{t}}=9t^3$，$\therefore \dfrac{d^2y}{dx^2}|_{t=1}=9$.

4. 解　原式 $=\lim\limits_{x\to0}\dfrac{\tan x-x}{x^2\tan x}=\lim\limits_{x\to0}\dfrac{\tan x-x}{x^3}=\lim\limits_{x\to0}\dfrac{\sec^2x-1}{3x^2}=\lim\limits_{x\to0}\dfrac{\tan^2 x}{3x^2}=\dfrac{1}{3}$.

5. 解　函数的定义域$(0,+\infty)$

$y'=48x^3\ln x-16x^3$，$y''=144x^2\ln x$

令 $y''=0$，得 $x=1$.

x	$(0, 1)$	1	$(1, +\infty)$
y''	$-$	0	$+$
y	$\cap$	拐点$(1, -7)$	$\cup$

拐点为:$(1, -7)$;凸区间为$(0, 1)$;凹区间为:$(1, +\infty)$.

6. **解** 函数的定义域$(-\infty, +\infty)$

$y' = \dfrac{10(x-1)}{3\sqrt[3]{x}}$,令 $y' = 0$,得驻点 $x = 1$,又有不可导点 $x = 0$

当 $x < 0$, $y' > 0$;当 $0 < x < 1$,$y' < 0$,故极大值 $y(0) = 0$

$x > 1$ 时,$y' > 0$,故极小值 $y(1) = -3$.

四、应用题

解 设杆长为 x,臂长为 y,则有 $x + \sqrt{y^2 - 4} = \dfrac{16}{3}$,

即 $x = \dfrac{16}{3} - \sqrt{y^2 - 4}$,杆长和臂长之和为

$s = x + 2y = \dfrac{16}{3} - \sqrt{y^2 - 4} + 2y$, $(y > 2)$

令 $s' = -\dfrac{y}{\sqrt{y^2 - 4}} + 2 = 0$ 得唯一驻点 $y = \dfrac{4\sqrt{3}}{3}$,故当杆长 $x = \dfrac{16 - 2\sqrt{3}}{3}$,臂长 $y = \dfrac{4\sqrt{3}}{3}$ 时,其和最小.

五、证明题

1. **证明** $\because$ 函数 $f(x)$ 在 $x = 0$ 处连续,$\therefore \lim\limits_{x \to 0} f(x) = f(0)$;

又 $\lim\limits_{x \to 0} \dfrac{f(x)}{x}$ 存在,$\therefore \lim\limits_{x \to 0} f(x) = 0$,即 $f(0) = 0$.

$\therefore \lim\limits_{x \to 0} \dfrac{f(x)}{x} = \lim\limits_{x \to 0} \dfrac{f(x) - f(0)}{x - 0}$ 存在,即 $f(x)$ 在 $x = 0$ 处可导.

2. **证明** 设 $f(x) = e^x - ex$,则 $f'(x) = e^x - e$;当 $x > 1$ 时,$f'(x) > 0$,

$\therefore f(x)$ 单调递增. 又 $f(x)$ 在 $x = 1$ 处连续且 $f(1) = 0$,故当 $x > 1$ 时,$f(x) > f(0) = 0$,即 $e^x > ex$.

第3章 一元函数积分学及其应用

习题 3.1

3.1.1 1. $f'(x) = e^x - \sin x$. 2. $\sin x - \cos x$. 3. $-\dfrac{1}{x}\sin(\ln x)$. 4. $\arcsin x + \dfrac{\pi}{2}$. 5. $x + \dfrac{x^2}{2} + c$. 6. $\tan x - \sec x + c$.

3.1.2 1. C. 2. D. 3. B. 4. C. 5. B.

3.1.3 1. (1) $2\sqrt{x}-\frac{4}{3}x\sqrt{x}+\frac{2}{5}x^2\sqrt{x}+c$； (2) $3\arctan x-2\arcsin x+c$；

(3) $-\frac{1}{x}-\arctan x+c$； (4) $e^x-2x^{\frac{3}{2}}+c$； (5) $\frac{1}{2}\tan x+c$；

(6) $-\cot x-x+c$.

2. $f(x)=\tan x-\cos x+2$.

3.1.4 1. $f(x)=\ln|x|+1$.

2. (1) 27 m； (2) $t=\sqrt[3]{360}\approx 7.11$ s.

习题 3.2

3.2.1

3.2.1.1 1. $\frac{\cos x}{1+\sin^2 x}dx$. 2. $\frac{\ln^2 x}{2}+c$. 3. $\frac{x^4}{4}+\frac{x^2}{2}+c$.

4. $\frac{1}{a}F(ax+b)+c$. 5. $-\frac{2}{3}$. 6. $\frac{1}{3}$.

7. -1. 8. $\frac{1}{3}\arcsin 3x+c$. 9. $\frac{1}{6}e^{3x^2}+c$.

10. $\frac{1}{6}\tan^6 x+c$. 11. $-\frac{1}{\arcsin x}+c$. 12. $e^{f(x)}+c$.

3.2.1.2 1. $\sqrt{x-1}=t$ $x=1+t^2$ $dx=2tdt$.

2. $x=t^6$ $\sqrt{x}=t^3$ $\sqrt[3]{x}=t^2$ $dx=6t^5dt$. 3. $x=2\sec t$ $\sqrt{x^2-4}=2\tan t$ $dx=2\sec t\cdot\tan tdt$.

4. $x=a\sin t$ $\sqrt{a^2-x^2}=a\cos t$ $dx=a\cos tdt$. 5. $x=\tan t$ $\sqrt{1+x^2}=\sec t$ $dx=\sec^2 tdt$.

3.2.1.3 1. (1) $-\sin\frac{1}{x}+c$； (2) $\frac{1}{3}(\arcsin x)^3+c$； (3) $\frac{1}{15}(3\ln x+5)^5+c$；

(4) $\frac{1}{2\cos^2 x}+c$； (5) $\ln\left|\frac{1+x}{2+x}\right|+c$； (6) $\sin x-\frac{1}{3}\sin^3 x+c$；

(7) $-\frac{1}{(\ln x)^2}+\ln x+c$； (8) $-2\cos\sqrt{t}+c$；

(9) $\frac{3}{2}\sqrt[3]{(x+2)^2}-3\sqrt[3]{x+2}+3\ln|1+\sqrt[3]{x+2}|)+c$；

(10) $2\sqrt{x}-4\sqrt[4]{x}+4\ln(\sqrt[4]{x}+1)+c$； (11) $-\sqrt{9-x^2}-2\arcsin\frac{x}{3}+c$；

(12) $\frac{x}{\sqrt{x^2+1}}+c$； (13) $\arccos\frac{1}{|x|}+c$.

2. $f(x)=-\frac{2}{3}(1-x^2)^{\frac{3}{2}}+c$.

3.2.2

3.2.2.1 1. $x\ln x - x + c$. 2. $-xe^{-x} - e^{-x} + c$.

3. $x\sin x + \cos x + c$. 4. $x\arctan x - \frac{1}{2}\ln(1+x^2) + c$.

5. $x\tan x + \ln|\cos x| + c$.

3.2.2.2 1. C. 2. D. 3. D. 4. C. 5. B.

3.2.2.3 1. (1) $\frac{x^2}{2}\arctan x - \frac{1}{2}x + \frac{1}{2}\arctan x + c$; (2) $\frac{1}{3}x^2\ln x - \frac{1}{9}x^3 + c$;

(3) $-\frac{1}{3}x\cos 3x + \frac{1}{9}\sin 3x + c$; (4) $x\ln^2 x - 2x\ln x + 2x + c$;

(5) $3(\sqrt[3]{x^2} - 2\sqrt[3]{x} + 2)e^{\sqrt[3]{x}} + c$; (6) $-\frac{1}{4}x\cos 2x + \frac{1}{8}\sin 2x + c$.

2. $x\cos x\ln x + 1 + \sin x - (1+\sin x)\ln x + c$.

习题 3.3

3.3.1 1. (1) $3\ln|x| + \ln|x+2| + c$;

(2) $-\frac{1}{2}\ln|x+1| + \frac{1}{4}\ln(x^2+1) + \frac{1}{2}\arctan x + c$;

(3) $\frac{1}{2}\arctan\frac{x+1}{2} + c$.

习题 3.4

3.4.1 1. A. 2. D. 3. C.

3.4.2 1. 2; $\frac{1}{2}\pi a^2$; 0. 2. $S = \int_1^2\left(x + \frac{1}{x} - 2\right)dx$. 3. $S = \int_1^2(e + 1 - y - e^y)dy$.

4. $A = \int_{-1}^2 |x^3 - x^2 - 2x|\,dx$.

习题 3.5

3.5.1 1. $\sin^2 x$. 2. $-\sin x - \cos x$. 3. $2x\tan x^2$. 4. $-\sin xf(\cos x) - \cos xf(\sin x)$.

5. $\frac{4}{3}$. 6. $-\ln 2$. 7. 1. 8. $\frac{2x}{1+x^2}$. 9. $x-1$.

3.5.2 1. 错. 2. 错.

3.5.3 1. 4. 2. $\frac{8}{3}$. 3. $\frac{\pi}{6}$. 4. -1. 5. $\frac{\pi}{6}$. 6. $1-\frac{\pi}{4}$.

3.5.4 $1+\frac{1}{e^2}$.

3.5.5 1. -1. 2. 0.

习题 3.6

3.6.1 1. 0.　2. 0.　3. $\frac{1}{324}\pi^3$.　4. 2.　5. $\frac{\pi}{2}$.　6. 2.

3.6.2 1. $\frac{1}{4}$.　2. $\frac{\pi}{2}$.　3. $2\left(1-\ln\frac{3}{2}\right)$.　4. $\sqrt{2}-\frac{2\sqrt{3}}{3}$.　5. $\frac{7}{3}-\frac{1}{e}$.

3.6.3 1. $1-\frac{2}{e}$.　2. π.　3. $\frac{1}{4}(e^2+1)$.　4. $\frac{1}{4}(\pi-2)$.

5. $2\left(1-\frac{1}{e}\right)$.　6. $\frac{1}{5}(e^{\pi}-2)$.　7. -2.

习题 3.7

3.7.1

3.7.1.1 1. $\int_1^2\left(x-\frac{1}{x}\right)dx=\frac{3}{2}-\ln 2$.　2. $\int_0^1(e^{-x}-e^x)dx=2-\frac{1}{e}-e$.

3. $\int_{\ln a}^{\ln b}e^y dy=b-a$.　4. $\int_{-\frac{\pi}{2}}^{\frac{\pi}{2}}\frac{1}{2}(2a\cos\theta)^2dx=\pi a^2$.

5. $\int_0^1\pi(x-x^4)dx=\frac{3}{10}\pi$.　6. $\int_0^{\pi}\pi\sin^2 x dx=\frac{\pi^2}{2}$.

3.7.1.2 1. $\frac{64}{3}$.　2. $\frac{9}{4}$.　3. $2\pi+\frac{4}{3}$, $6\pi-\frac{4}{3}$.　4. $\frac{5}{4}\pi$.

3.7.1.3 1. (1) $\frac{16}{3}p^2$；(2) $\frac{272}{15}\pi p^3$.　2. $\frac{1}{4}(e^2+1)$.　3. $\sqrt{2}(e^{\frac{\pi}{2}}-1)$.

3.7.2

3.7.2.1 1. $\int_0^{10}(6+0.3x)dx=75$.　2. $\int_0^2\frac{dx}{4+x^2}=\frac{\pi}{8}$.　3. $\int_0^6 0.01ks dx=18\times10^{-6}k$.

4. $\pi r^2\rho g x$, $[0, h]$.

3.7.2.2 57 697.5 kJ.

习题 3.8

3.8.1 1. C.　2. C.

3.8.2 1. 收敛,值为-1.　2. 发散.　3. 收敛,值为π.　4. 收敛,值为1.

复习题三

一、填空题

1. $2x^{\frac{1}{2}}-\frac{4}{3}x^{\frac{3}{2}}+\frac{2}{5}x^{\frac{5}{2}}+c$.　2. $\cos x e^{\cos x}-e^{\cos x}+c$.　3. $x-\ln(1+e^x)+c$.

4. $\cos\left(3+\frac{1}{x}\right)+c$.　5. $\frac{1}{2}\ln^2 x$.　6. $\ln 2$.　7. 0.　8. 1.　9. $-\sqrt{3}$.

10. $2\pi x_0$. 11. $\dfrac{14}{3}$. 12. $e+\dfrac{1}{e}-2$.

二、选择题

1. B. 2. D. 3. D. 4. C. 5. B. 6. D. 7. A. 8. C. 9. C. 10. B.

三、求下列不定积分

1. **解** $\displaystyle\int\frac{10^{2\arccos x}}{\sqrt{1-x^2}}\mathrm{d}x=-\frac{1}{2}\int 10^{2\arccos x}\mathrm{d}(2\arccos x)=-\frac{10^{2\arccos x}}{2\ln 10}+c.$

2. **解** $\displaystyle\int\frac{1}{x(1+2\ln x)}\mathrm{d}x=\frac{1}{2}\int\frac{1}{1+2\ln x}\mathrm{d}(1+2\ln x)=\frac{1}{2}\ln|1+2\ln x|+c.$

3. **解** $\displaystyle\int\frac{\sin(\sqrt{x}+1)}{\sqrt{x}}\mathrm{d}x=2\int\sin(\sqrt{x}+1)\mathrm{d}(\sqrt{x}+1)=-2\cos(\sqrt{x}+1)+c.$

4. **解** $\displaystyle\int\frac{x}{\sqrt{2-3x^2}}\mathrm{d}x=-\frac{1}{6}\int(2-3x^2)^{-\frac{1}{2}}\mathrm{d}(2-3x^2)$

$$=-\frac{1}{6}\cdot\frac{(2-3x^2)^{-\frac{1}{2}+1}}{-\frac{1}{2}+1}+c=-\frac{1}{3}\sqrt{2-3x^2}+c.$$

5. **解** 令 $t=\sqrt{e^x-1}$,则 $e^x=t^2+1$,从而 $e^x\mathrm{d}x=2t\mathrm{d}t$, $\mathrm{d}x=\dfrac{2t}{t^2+1}\mathrm{d}t$ 则

$$\int\sqrt{e^x-1}\,\mathrm{d}x=\int\frac{2t^2}{t^2+1}\mathrm{d}t=2\int\left(1-\frac{1}{1+t^2}\right)\mathrm{d}t$$
$$=2(t-\arctan t)+c$$
$$=2(\sqrt{e^x-1}-\arctan\sqrt{e^x-1})+c.$$

6. **解** 令 $t=\sqrt[6]{x}$,则 $x=t^6$, $\mathrm{d}x=6t^5\mathrm{d}t$,从而

$$\int\frac{1}{(1+\sqrt[3]{x})\sqrt{x}}\mathrm{d}x=\int\frac{1}{(1+t^2)t^3}6t^5\mathrm{d}t=6\int\frac{t^2}{1+t^2}\mathrm{d}t$$
$$=6\int\left(1-\frac{1}{1+t^2}\right)\mathrm{d}t=6t-6\arctan t+c$$
$$=6\sqrt[6]{x}-6\arctan\sqrt[6]{x}+c.$$

7. **解** 令 $x=\sin t$, $-\dfrac{\pi}{2}<t<\dfrac{\pi}{2}$,则 $\mathrm{d}x=\cos t\mathrm{d}t$,从而

$$\int\frac{x^2}{\sqrt{(1-x^2)^3}}\mathrm{d}x=\int\frac{\sin^2 t}{\cos^3 t}\cdot\cos t\mathrm{d}t=\int\tan^2 t\mathrm{d}t$$
$$=\int(\sec^2 t-1)\mathrm{d}t=\tan t-t+c$$

又知:$x=\sin t$,作辅助三角形如图 1 所示,

则 $t=\arcsin x$, $\tan t=\dfrac{x}{\sqrt{1-x^2}}$,

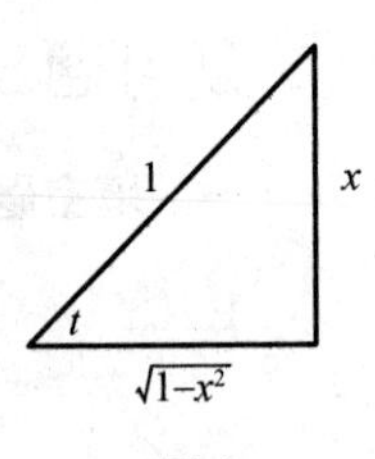

图 1

从而

原式 $= \dfrac{x}{\sqrt{1-x^2}} - \arcsin x + c.$

8. **解**　令 $x = 2\tan t$, $-\dfrac{\pi}{2} < t < \dfrac{\pi}{2}$ 则 $\mathrm{d}x = 2\sec^2 t\mathrm{d}t$，从而

$$\int \frac{\mathrm{d}x}{x^2\sqrt{x^2+4}} = \int \frac{2\sec^2 t}{4\tan^2 t \cdot 2\sec t}\mathrm{d}t = \frac{1}{4}\int \frac{\cos t}{\sin^2 t}\mathrm{d}t$$

$$= \frac{1}{4}\int \frac{1}{\sin^2 t}\mathrm{d}\sin t = -\frac{1}{4\sin t} + c$$

因为 $x = 2\tan t$，作辅助三角形如图 2 所示，则 $\sin t = \dfrac{x}{\sqrt{x^2+4}}$，

所以 $\displaystyle\int \frac{\mathrm{d}x}{x^2\sqrt{x^2+4}} = -\frac{\sqrt{x^2+4}}{4x} + c.$

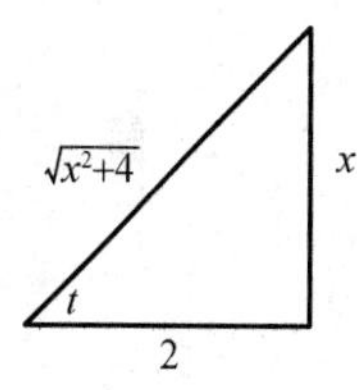

图 2

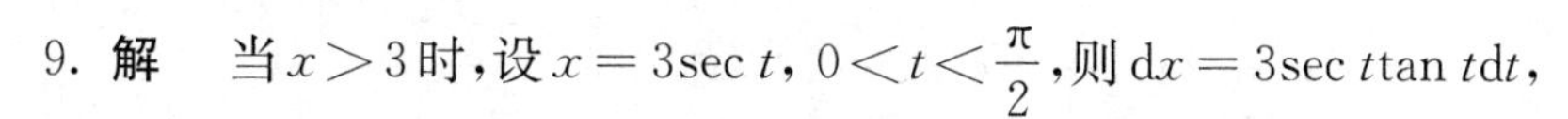

9. **解**　当 $x > 3$ 时，设 $x = 3\sec t$, $0 < t < \dfrac{\pi}{2}$，则 $\mathrm{d}x = 3\sec t\tan t\mathrm{d}t$，从而

$$\int \frac{\sqrt{x^2-9}}{x}\mathrm{d}x = \int \frac{3\tan t}{3\sec t} 3\sec t \cdot \tan t\mathrm{d}t = 3\int \tan^2 t\mathrm{d}t$$

$$= 3\int (\sec{}^2 t^2 - 1)\mathrm{d}t = 3\tan t - 3t + c$$

又知：$x = 3\sec t$，作辅助三角形如图 3 所示，

则 $\cos t = \dfrac{3}{x}$, $t = \arccos\dfrac{3}{x}$, $\tan t = \dfrac{\sqrt{x^2-9}}{3}$,

从而 $\displaystyle\int \frac{\sqrt{x^2-9}}{x}\mathrm{d}x = \sqrt{x^2-9} - 3\arccos\frac{3}{x} + c$

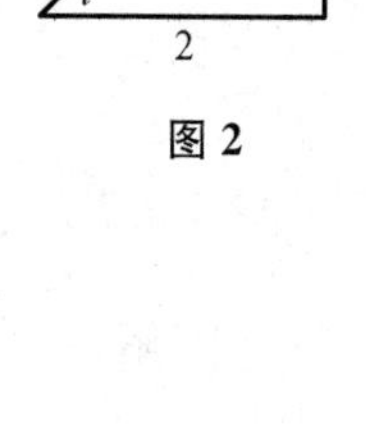

图 3

当 $x < -3$ 时，设 $x = -u$，则 $u > 3$，从而

$$\int \frac{\sqrt{x^2-9}}{x}\mathrm{d}x = \int \frac{\sqrt{u^2-9}}{-u}\mathrm{d}(-u) = \int \frac{\sqrt{u^2-9}}{u}\mathrm{d}u$$

$$= \sqrt{u^2-9} - 3\arccos\frac{3}{u} + c = \sqrt{x^2-9} - 3\arccos\frac{3}{-x} + c$$

综上所述：

$$= \int \frac{\sqrt{x^2-9}}{x}\mathrm{d}x = \sqrt{x^2-9} - 3\arccos\frac{3}{|x|} + c.$$

10. **解**　$\displaystyle\int \arcsin x\mathrm{d}x = \int \arcsin x\mathrm{d}(x) = x\arcsin x - \int x\frac{1}{\sqrt{1-x^2}}\mathrm{d}x$

$$= x\arcsin x + \frac{1}{2}\int (1-x^2)^{-\frac{1}{2}}\mathrm{d}(1-x^2)$$

$$= x\arcsin x + \sqrt{1-x^2} + c.$$

11. 解　原式$=x\ln(1+x^2)-\int x\mathrm{d}\ln(1+x^2)=x\ln(1+x^2)-\int\frac{2x^2}{1+x^2}\mathrm{d}x$

$$=x\ln(1+x^2)-2\int\left(1-\frac{1}{1+x^2}\right)\mathrm{d}x$$

$$=x\ln(1+x^2)-2x+2\arctan x+c.$$

12. 解　原式$=\int x^2\mathrm{d}\sin x=x^2\sin x-\int\sin x\cdot 2x\mathrm{d}x$

$$=x^2\sin x+2\int x\mathrm{d}\cos x=x^2\sin x+2[x\cos x-\int\cos x\mathrm{d}x]$$

$$=x^2\sin x+2x\cos x-2\sin x+c.$$

13. 解　$\int x^2\mathrm{e}^x\mathrm{d}x=\int x^2\mathrm{d}\mathrm{e}^x=x^2\mathrm{e}^x-\int\mathrm{e}^x\cdot 2x\mathrm{d}x$

$$=x^2\mathrm{e}^x-2\int x\mathrm{d}\mathrm{e}^x$$

$$=x^2\mathrm{e}^x-2x\mathrm{e}^x+2\int\mathrm{e}^x\mathrm{d}x$$

$$=x^2\mathrm{e}^x-2x\mathrm{e}^x+2\mathrm{e}^x+c.$$

14. 解　令$t=\sqrt{3x+9}$,则$x=\frac{1}{3}t^2-3$, $\mathrm{d}x=\frac{2}{3}t\mathrm{d}t$,从而

$$\int\mathrm{e}^{\sqrt{3x+9}}\mathrm{d}x=\int\mathrm{e}^t\cdot\frac{2}{3}t\mathrm{d}t=\frac{2}{3}\int t\mathrm{d}\mathrm{e}^t=\frac{2}{3}(t\mathrm{e}^t-\int\mathrm{e}^t\mathrm{d}t)$$

$$=\frac{2}{3}(t\mathrm{e}^t-\mathrm{e}^t)+c=\frac{2}{3}(\sqrt{3x+9}-1)\mathrm{e}^{\sqrt{3x+9}}+c.$$

四、计算题

1. 解　$\int\frac{x-3}{x^2-6x+13}\mathrm{d}x=\frac{1}{2}\int\frac{2(x-3)}{x^2-6x+13}\mathrm{d}x$

$$=\frac{1}{2}\int\frac{1}{x^2-6x+13}\mathrm{d}(x^2-6x+13)$$

$$=\frac{1}{2}\ln(x^2-6x+13)+c.$$

2. 解　$\int\frac{8}{x^2-6x+13}\mathrm{d}x=8\int\frac{1}{(x-3)^2+4}\mathrm{d}x$

$$=8\cdot\frac{1}{4}\cdot 2\int\frac{\mathrm{d}\,\frac{x-3}{2}}{1+\left(\frac{x-3}{2}\right)^2}$$

$$=4\arctan\frac{x-3}{2}+c.$$

3. 解　因为$\int f(x)\mathrm{d}x=\frac{\sin x}{x}+c$,所以

则$f(x)=\left(\frac{\sin x}{x}+c\right)'=\frac{x\cos x-\sin x}{x^2}$

$$\int x^3 f'(x)\mathrm{d}x=\int x^3\mathrm{d}f(x)=x^3 f(x)-3\int x^2 f(x)\mathrm{d}x$$

$$=x^3\cdot\frac{x\cos x-\sin x}{x^2}-3\int x^2\cdot\frac{x\cos x-\sin x}{x^2}\mathrm{d}x$$

$$=x^2\cos x-x\sin x-3\int(x\cos x-\sin x)\mathrm{d}x$$

$$=x^2\cos x-4x\sin x-6\cos x+c.$$

4. **解** $\lim\limits_{x\to0}\dfrac{\int_0^x \mathrm{e}^{t^2}\sin t\mathrm{d}t}{x\sin x}=\lim\limits_{x\to0}\dfrac{\int_0^x \mathrm{e}^{t^2}\sin t\mathrm{d}t}{x^2}=\lim\limits_{x\to0}\dfrac{\mathrm{e}^{x^2}\sin x}{2x}=\lim\limits_{x\to0}\dfrac{\mathrm{e}^{x^2}}{2}\cdot\lim\limits_{x\to0}\dfrac{\sin x}{x}=\dfrac{1}{2}.$

5. **解** $\lim\limits_{x\to0}\dfrac{\left(\int_0^x \mathrm{e}^{t^2}\mathrm{d}t\right)^2}{\int_0^x t\mathrm{e}^{2t^2}\mathrm{d}t}=\lim\limits_{x\to0}\dfrac{2\mathrm{e}^{x^2}\int_0^x \mathrm{e}^{t^2}\mathrm{d}t}{x\mathrm{e}^{2x^2}}=2\lim\limits_{x\to0}\dfrac{\int_0^x \mathrm{e}^{t^2}\mathrm{d}t}{x\mathrm{e}^{x^2}}=2\lim\limits_{x\to0}\dfrac{\mathrm{e}^{x^2}}{\mathrm{e}^{x^2}+2x^2\mathrm{e}^{x^2}}=2.$

6. **解** 原式 $=\int_0^1\dfrac{\mathrm{e}^x}{(\mathrm{e}^x)^2+1}\mathrm{d}x=\int_0^1\dfrac{1}{(\mathrm{e}^x)^2+1}\mathrm{d}\mathrm{e}^x=\arctan\mathrm{e}^x\big|_0^1=\arctan\mathrm{e}-\dfrac{\pi}{4}.$

7. **解一** 令 $x=\tan t$,则 $\mathrm{d}x=\sec^2 t\mathrm{d}t$, $x=1$, $t=\dfrac{\pi}{4}$, $x=\sqrt{3}$, $t=\dfrac{\pi}{3}$,

原式$=\int_{\frac{\pi}{4}}^{\frac{\pi}{3}}\dfrac{\sec^2 t}{\tan^2 t\sec t}\mathrm{d}t=\int_{\frac{\pi}{4}}^{\frac{\pi}{3}}\dfrac{\sec t}{\tan^2 t}\mathrm{d}t=\int_{\frac{\pi}{4}}^{\frac{\pi}{3}}\dfrac{1}{\sin^2 t}\mathrm{d}\sin t$

$=-\dfrac{1}{\sin t}\Bigg|_{\frac{\pi}{4}}^{\frac{\pi}{3}}=\sqrt{2}-\dfrac{2}{3}\sqrt{3}.$

解二 令 $x=\dfrac{1}{t}$,则 $\mathrm{d}x=-\dfrac{1}{t^2}\mathrm{d}t$, $x=1$, $t=1$, $x=\sqrt{3}$, $t=\dfrac{1}{3}$,

原式$=-\int_1^{\frac{1}{\sqrt{3}}}\dfrac{t}{\sqrt{1+t^2}}\mathrm{d}t=-\dfrac{1}{2}\int_1^{\frac{1}{\sqrt{3}}}\dfrac{1}{\sqrt{1+t^2}}\mathrm{d}t^2=\left[-\sqrt{1+t^2}\right]_1^{\frac{1}{\sqrt{3}}}$

$=\sqrt{2}-\dfrac{2}{3}\sqrt{3}.$

8. **解** 原式 $=\int_{\frac{1}{\mathrm{e}}}^1(-\ln x)\mathrm{d}x+\int_1^{\mathrm{e}}\ln x\mathrm{d}x=-x\ln x\Big|_{\frac{1}{\mathrm{e}}}^1+\int_{\frac{1}{\mathrm{e}}}^1\mathrm{d}x+x\ln x\big|_1^{\mathrm{e}}-\int_1^{\mathrm{e}}\mathrm{d}x=$ $2-\dfrac{2}{\mathrm{e}}.$

9. **解** $\int_0^1 x\arctan x\mathrm{d}x=\dfrac{1}{2}\int_0^1\arctan x\mathrm{d}(x^2+1)$

$=\dfrac{1}{2}\left((x^2+1)\arctan x\big|_0^1-\int_0^1(x^2+1)\mathrm{d}\arctan x\right)=\dfrac{1}{4}(\pi-2).$

五、计算题

解 $\int_{-1}^1(x^3+1)\mathrm{d}f(x)=f(x)(x^3+1)\big|_{-1}^1-\int_{-1}^1 f(x)\mathrm{d}(x^3+1)=2f(1)$ $-\int_{-1}^1 3f(x)x^2\mathrm{d}x.$

由于 $f(x)$ 为奇函数,则$\int_{-1}^{1}3f(x)x^2\mathrm{d}x=0$,则原式 $=2$.

六、证明题

证明

(1) 令 $x=\frac{\pi}{2}-t$,

$$\int_0^{\frac{\pi}{2}}f(\sin x)\mathrm{d}x=\int_{\frac{\pi}{2}}^{0}f\left[\sin\left(\frac{\pi}{2}-t\right)\right]\mathrm{d}\left(\frac{\pi}{2}-t\right)=\int_0^{\frac{\pi}{2}}f(\cos t)\mathrm{d}t=\int_0^{\frac{\pi}{2}}f(\cos x)\mathrm{d}x;$$

(2) 令 $x=\pi-t$,

$$\int_0^{\pi}xf(\sin x)\mathrm{d}x=\int_{\pi}^{0}(\pi-t)f[\sin(\pi-t)]\mathrm{d}(\pi-t)=\int_0^{\pi}\pi f(\sin t)\mathrm{d}t-\int_0^{\pi}tf(\sin t)\mathrm{d}t$$

故 $2\int_0^{\pi}xf(\sin x)\mathrm{d}x=\pi\int_0^{\pi}f(\sin x)\mathrm{d}x$,即$\int_0^{\pi}xf(\sin x)\mathrm{d}x=\frac{\pi}{2}\int_0^{\pi}f(\sin x)\mathrm{d}x$.

七、计算题

1. **解**　联立:$\begin{cases}y^2=2x,\\y=x-4.\end{cases}$ 解得交点:$(2,-2)$、$(8,4)$,$\varphi_2(y)=y+4$, $\varphi_1(y)=\frac{1}{2}y^2$,

$$A=\int_c^d\mathrm{d}A=\int_c^d[\varphi_2(y)-\varphi_1(y)]\mathrm{d}y=\int_{-2}^{4}\left(y+4-\frac{1}{2}y^2\right)=18.$$

2. **解**　切线 $l_1: y=4x-3$, $l_2: y=-2x+6$

$$A=\int_0^{\frac{3}{2}}[(4x-3)-(-x^2+4x-3)]\mathrm{d}x+\int_{\frac{3}{2}}^{3}[(-2x+6)-(-x^2+4x-3)]\mathrm{d}x=\frac{9}{4}.$$

3. **解**　$V=\int_{-4}^{4}\pi(5+\sqrt{16-x^2})^2\mathrm{d}x-\int_{-4}^{4}\pi(5-\sqrt{16-x^2})^2\mathrm{d}x$

$$=\pi\int_{-4}^{4}\{(5+\sqrt{16-x^2})^2-(5-\sqrt{16-x^2})^2\}\mathrm{d}x=160\pi^2.$$

4. **解**　(1) $y'=\frac{1}{2\sqrt{x-2}}$,设切点为(a,b),则 $b=\sqrt{a-2}$

切线方程为:$y-\sqrt{a-2}=\frac{1}{2\sqrt{a-2}}(x-a)$,如图4所示,因为过$(1,0)$,则

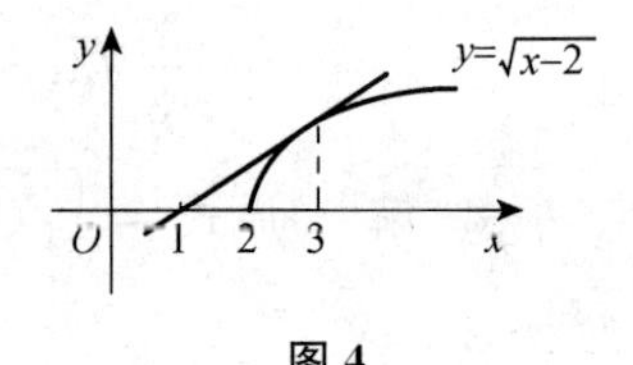

图 4

$$-\sqrt{a-2}=\frac{1}{2\sqrt{a-2}}(1-a)$$

解得　$a=3$, $b=\sqrt{3-2}=1$,切点$(3,1)$;

$$A=\frac{1}{2}\cdot2\cdot1-\int_2^3\sqrt{x-2}\mathrm{d}x=1-\frac{2}{3}(x-2)^{\frac{3}{2}}\Big|_2^3=1-\frac{2}{3}=\frac{1}{3};$$

(2) $V=V_2-V_1=\frac{1}{3}(\pi\cdot1^2\cdot2)-\pi\int_2^3(\sqrt{x-2})^2\mathrm{d}x=\frac{2}{3}\pi-\pi\int_2^3(x-2)\mathrm{d}x$

$$=\frac{2}{3}\pi-\pi\left[\frac{9-4}{2}-2\right]=\frac{2}{3}\pi-\frac{1}{2}\pi=\frac{1}{6}\pi.$$

5. **解**　抛物线与直线所围图形面积为:

$S(a)=\int_a^{a+1}x^2\mathrm{d}x=\frac{1}{3}[(a+1)^3-a^3]=\frac{1}{3}(3a^2+3a+1)$

$S'(a)=2a+1$，令 $S'(a)=0$，得 $a=-\frac{1}{2}$（唯一驻点）；

又因为 $S''(a)=2$，且 $S''\left(-\frac{1}{2}\right)=2>0$，$a=-\frac{1}{2}$ 是最小值点，即 $a=-\frac{1}{2}$ 时面积最小.

第四章　微 分 方 程

习题 4.1

4.1.1　1. D.　2. A.

4.1.2　1.（1）二；（2）一；（3）二；（4）四.

2.（1）是；（2）不是；（3）是.

4.1.3　1. $y'=x^2$.　2. $y=x^3+1$.

习题 4.2

4.2.1

4.2.1.1　1.（1）是；（2）是；（3）不是；（4）是.

2.（1）$y^2-x=c$；（2）$2^x+2^{-y}-C=0$；（3）$\sin y=-x+\ln(1+x)+c$.

4.2.1.2　1.（1）$\frac{1}{y^2}=2\cos x-1$；（2）$\arctan y=-\frac{1}{2}\cdot\frac{1}{(x^2+1)}+\frac{1}{2}$；

（3）$\ln y=c(\csc x-\cot x)$.

2. $xy=6$.

4.2.2

4.2.2.1　1.（1）$\sin\frac{y}{x}=cx$；（2）$x^4+4xy^3=c$；（3）$(y-x)e^{\frac{y}{x}}=c$.

4.2.3

4.2.3.1　1.（1）$y=Ce^{\cos x}+xe^{\cos x}$；（2）$y=Ce^{\frac{x}{2}}+e^x$；（3）$y=\frac{1}{x}(\arctan x+c)$.

2.（1）$y=x^2e^{\frac{1}{x}}$；（2）$y=\frac{x}{\cos x}$.

4.2.3.2　1. $y=\frac{\pi-1-\cos x}{x}$.　2. $y=(x+1)e^x$.　3. $y(x)=-2x+2+2e^{-x}$.

习题 4.3

4.3.1

4.3.1.1　1.（1）$y=-\sin x-\frac{1}{3}x^3+C_1x+C_2$；（2）$y=\frac{1}{3}C_1x^3+C_2$；（3）$e^{-2y}=$

C_1x+C_2.

2. (1) $y=\frac{1}{2}x^4-\sin x+\frac{1}{2}x^2+2x-1$; (2) $y=\ln|x|+\frac{1}{2}(\ln|x|)^2$.

4.3.2

4.3.2.1 1. A. 2. C. 3. B.

4.3.2.2 1. x^3+3x+1. 2. 解.

4.3.2.3 略.

习题 4.3

4.3.3

4.3.3.1 1. $y''+y=0$. 2. $y=c_1e^{5x}+c_2e^{-x}$. 3. $x=e^{2t}(c_1\cos t+c_2\sin t)$.

4. $y^*=(2+x)e^{-\frac{1}{2}x}$.

4.3.3.2 1. (1) $y=C_1e^{-x}+C_2e^{3x}$; (2) $y=C_1e^{-2x}+C_2xe^{-2x}$; (3) $y=C_1\cos 4x+C_2\sin 4x$; (4) $y=c_1e^{2x}+c_2e^{-\frac{4}{3}x}$.

2. (1) $y=4e^{-x}+2xe^{-x}$; (2) $y=3e^{-2x}\sin 5x$.

4.3.4

4.3.4.1 1. B. 2. C.

4.3.4.2 1. $y^*=Ae^x$. 2. $y^*=x(Ax^2+Bx+C)$. 3. $y^*=(Ax+B)e^x$.

4.3.4.3 1. (1) $y=c_1e^{2x}+c_2e^x-\frac{1}{2}(x^2+2x)e^x$; (2) $y=(c_1+c_2x)e^{2x}+\frac{1}{2}e^x$;

(3) $y=\overline{y}+Y=x+\frac{1}{2}e^x+C_1\cos x+C_2\sin x$;

(4) $y=\overline{y}+Y=-2x\cos x+C_1\cos x+C_2\sin x$.

2. (1) $y=\frac{1}{2}(e^{9x}+e^x)-\frac{1}{7}e^{2x}$; (2) $y=(e^x-e^{-x})+x(x-1)e^x$.

复习题四

一、选择题

1. D. 2. C.

二、填空题

1. $y=c_1y_1+c_2y_2$. 2. $y=c_1+c_2e^x$. 3. $y=e^{\alpha x}(c_1\cos\beta x+c_2\sin\beta x)$.

4. $y^x=e^x(Ax+B)x$. 5. $x=(c_1+c_2t)e^{2t}$.

6. $x=e^{-\frac{1}{4}t}\left(c_1\cos\frac{\sqrt{23}}{4}t+c_2\sin\frac{\sqrt{23}}{4}t\right)$.

7. $y=c_1e^{2x}+c_2e^{-2x}+\frac{1}{2}$. 8. $xy=1$.

三、计算题

1. (1) $\because \dfrac{y}{1+y^2}\mathrm{d}y=\dfrac{1}{x(1+x)}\mathrm{d}x$

$\therefore \int\dfrac{y}{1+y^2}\mathrm{d}y=\int\dfrac{1}{x(1+x)}\mathrm{d}x=\int\dfrac{1}{x}\mathrm{d}x-\int\dfrac{1}{x+1}\mathrm{d}x$

$\therefore \dfrac{1}{2}\ln(1+y^2)=\ln x-\ln(x+1)+\ln c$

$\therefore \dfrac{1}{2}\ln(1+y^2)=\ln\dfrac{xc}{x+1}$

$\therefore 1+y^2=\left(\dfrac{xc}{x+1}\right)^2$;

(2) $\because y=c\mathrm{e}^{-\int\frac{1}{x}\mathrm{d}x}+\mathrm{e}^{-\int\frac{1}{x}\mathrm{d}x}\int\dfrac{\sin x}{x}\mathrm{e}^{\int\frac{1}{x}\mathrm{d}x}\mathrm{d}x$

$\therefore y=c\mathrm{e}^{-\ln x}+\mathrm{e}^{-\ln x}\int\sin x\mathrm{d}x$

$\therefore y=\dfrac{c}{x}+\dfrac{1}{x}(-\cos x)$;

(3) $\because y''+2y'-3y=0$ $\quad\therefore r^2+2r-3=0$

$\therefore r=1$ or $r=-3$ $\quad\therefore Y=c_1\mathrm{e}^x+c_2\mathrm{e}^{-3x}$

设 $y^*=x(ax+b)\mathrm{e}^x$，$\therefore(y^*)'=(2ax+b)\mathrm{e}^x+(ax^2+bx)\mathrm{e}^x=(ax^2+2ax+bx+b)\mathrm{e}^x$

$\therefore(y^*)''=(2ax+2a+b)\mathrm{e}^x+(ax^2+2ax+bx+b)\mathrm{e}^x=(ax^2+4ax+bx+2a+2b)\mathrm{e}^x$

$\therefore a=\dfrac{1}{4}, b=\dfrac{1}{8}$

$\therefore y=c_1\mathrm{e}^x+c_2\mathrm{e}^{-3x}+\left(\dfrac{1}{4}x^2+\dfrac{1}{8}x\right)\mathrm{e}^x$.

2. $\because 2r^2-3r+1=0$ $\quad\therefore r=\dfrac{1}{2}$ or $r=1$

$\therefore y=c_1\mathrm{e}^{\frac{1}{2}x}+c_2\mathrm{e}^x$ $\quad\because y(0)=3, y'(0)=1$ $\quad\therefore c_1+c_2=3$，$\dfrac{1}{2}c_1+c_2=1$

$\therefore c_1+c_2=3$，$\dfrac{1}{2}c_1+c_2=1$ $\quad\therefore c_1=4$，$c_2=-1$；$\therefore y=4\mathrm{e}^{\frac{1}{2}x}-\mathrm{e}^x$.

3. $\because r^2+3r+2=0$，$\therefore r=-1$ or $r=-2$，$\therefore Y=c_1\mathrm{e}^{-x}+c_2\mathrm{e}^{-2x}$

设 $y^*=ax\mathrm{e}^{-2x}$，$\therefore(y^*)'=(a-2ax)\mathrm{e}^{-2x}$，$\therefore(y^*)''=(-4a+4ax)\mathrm{e}^{-2x}$，$\therefore a=-4$
$\therefore y=c_1\mathrm{e}^{-x}+c_2\mathrm{e}^{-2x}-4x\mathrm{e}^{-2x}$.

4. $\because f'(x)=3f(x)+2\mathrm{e}^{2x}$

$\therefore f(x)=c\mathrm{e}^{-\int-3\mathrm{d}x}+\mathrm{e}^{-\int-3\mathrm{d}x}\int2\mathrm{e}^{2x}\mathrm{e}^{\int-3\mathrm{d}x}\mathrm{d}x=c\mathrm{e}^{3x}+\mathrm{e}^{3x}\int2\mathrm{e}^{-x}\mathrm{d}x=c\mathrm{e}^{3x}-2\mathrm{e}^{2x}$

又 $\because f(0)=1$，$\therefore c-2=1$，$\therefore c=3$，$\therefore f(x)=3\mathrm{e}^{3x}-2\mathrm{e}^{2x}$.

模拟题一

一、选择题

1. C. 2. A. 3. C. 4. D. 5. A.

二、填空题

1. -1. 2. $\dfrac{y\sin(xy)-\mathrm{e}^{x+y}}{\mathrm{e}^{x+y}-x\sin(xy)}$. 3. $\sqrt{2}$. 4. 0. 5. $\dfrac{3\pi}{10}$.

三、计算题

1. **解** $\lim\limits_{x\to0}\dfrac{\int_0^x \mathrm{e}^{t^2}\sin t\mathrm{d}t}{x\sin x}=\lim\limits_{x\to0}\dfrac{\int_0^x \mathrm{e}^{t^2}\sin t\mathrm{d}t}{x^2}=\lim\limits_{x\to0}\dfrac{\mathrm{e}^{x^2}\sin x}{2x}=\lim\limits_{x\to0}\dfrac{\mathrm{e}^{x^2}}{2}\cdot\lim\limits_{x\to0}\dfrac{\sin x}{x}=\dfrac{1}{2}$.

2. **解** $\dfrac{\mathrm{d}y}{\mathrm{d}x}=\dfrac{(t-\arctan t)'}{[\ln(1+t^2)]'}=\dfrac{1-\dfrac{1}{1+t^2}}{\dfrac{2t}{1+t^2}}=\dfrac{\dfrac{t^2}{1+t^2}}{\dfrac{2t}{1+t^2}}=\dfrac{t}{2}$,

$$\frac{\mathrm{d}^2y}{\mathrm{d}x^2}=\frac{\mathrm{d}}{\mathrm{d}x}\left(\frac{\mathrm{d}y}{\mathrm{d}x}\right)=\frac{\frac{\mathrm{d}y'}{\mathrm{d}t}}{\frac{\mathrm{d}x}{\mathrm{d}t}}$$

$$=\frac{\mathrm{d}}{\mathrm{d}t}\left(\frac{t}{2}\right)\frac{1}{\frac{2t}{1+t^2}}=\frac{1}{2}\,\frac{1+t^2}{2t}=\frac{1+t^2}{4t}.$$

3. **解** 因为$\lim\limits_{x\to2}\dfrac{x^2+ax+b}{x-2}=8$,所以$\lim\limits_{x\to2}(x^2+ax+b)=4+2a+b=0$,

则$b=-4-2a$,那么$\lim\limits_{x\to2}\dfrac{x^2+ax+b}{x-2}=\lim\limits_{x\to2}\dfrac{(x-2)[x+(a+2)]}{(x-2)}=\lim\limits_{x\to2}[x+(a+2)]=a+4=8$,解得$a=4,b=-12$.

4. **解** 函数$f(x)$的定义域为$(-\infty,+\infty)$,且$f'(x)=1-x^{-\frac{1}{3}}=\dfrac{\sqrt[3]{x}-1}{\sqrt[3]{x}}$,

解得$x=1$是$f(x)$的驻点,$x=0$是$f(x)$的不可导点.

当$x\in(-\infty,0)$时,$f'(x)>0$,所以$f(x)$在$(-\infty,0]$内单调递增;

当$x\in(0,1)$时,$f'(x)<0$,所以$f(x)$在$[0,1]$上单调递减;

当$x\in(1,+\infty)$时,$f'(x)>0$,所以$f(x)$在$[1,+\infty)$内单调递增.

从而$f(x)$在$x=0$处取得极大值$f(0)=\dfrac{1}{2}$,在$x=1$处取得极小值$f(1)=0$.

5. **解** 令$x=3\sin t$,$-\dfrac{\pi}{2}<t<\dfrac{\pi}{2}$,则$\mathrm{d}x=3\cos t\mathrm{d}t$,

从而原式$=\displaystyle\int\frac{3\sin t-2}{\sqrt{9-9\sin^2t}}3\cos t\mathrm{d}t=\int(3\sin t-2)\mathrm{d}t=-3\cos t-2t+c$.

因为 $x=3\sin t$,作辅助三角形如图 5 所示,则 $t=\arcsin\frac{x}{3}$,$\cos t=\frac{\sqrt{9-x^2}}{3}$,从而

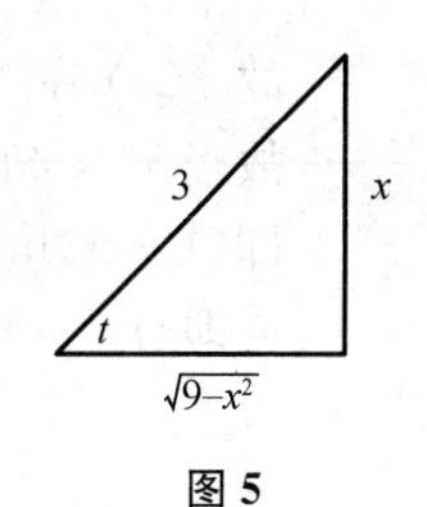

图 5

$$\int\frac{x-2}{\sqrt{9-x^2}}\mathrm{d}x=-\sqrt{9-x^2}-2\arcsin\frac{x}{3}+c.$$

6. 解 $\int x\arctan x\mathrm{d}x=\int\arctan x\mathrm{d}\left(\frac{x^2}{2}\right)=\frac{x^2}{2}\arctan x-\int\frac{x^2}{2}\cdot\frac{1}{1+x^2}\mathrm{d}x$

$$=\frac{x^2}{2}\arctan x-\frac{1}{2}\int\left[1-\frac{1}{1+x^2}\right]\mathrm{d}x$$

$$=\frac{x^2}{2}\arctan x-\frac{1}{2}x+\frac{1}{2}\arctan x+c.$$

7. 解 $\int_{-1}^{\frac{1}{2}}f(x)\mathrm{d}x=\int_{-1}^{0}f(x)\mathrm{d}x+\int_{0}^{\frac{1}{2}}f(x)\mathrm{d}x$

$$=\int_{-1}^{0}\frac{\mathrm{e}^x}{1+\mathrm{e}^x}\mathrm{d}x+\int_{0}^{\frac{1}{2}}\frac{1}{1+4x^2}\mathrm{d}x$$

$$=\int_{-1}^{0}\frac{1}{1+\mathrm{e}^x}\mathrm{d}(1+\mathrm{e}^x)+\frac{1}{2}\int_{0}^{\frac{1}{2}}\frac{1}{1+(2x)^2}\mathrm{d}(2x)$$

$$=\ln(1+\mathrm{e}^x)\Big|_{-1}^{0}+\frac{1}{2}\arctan 2x\Big|_{0}^{\frac{1}{2}}$$

$$=\ln 2-\ln(1+\mathrm{e}^{-1})+\frac{\pi}{8}.$$

8. 解 $s=\int_{0}^{3}\sqrt{1+y'^2}\,\mathrm{d}x=\int_{0}^{3}\sqrt{1+x}\,\mathrm{d}x=\frac{14}{3}.$

四、应用题

1. 解 (1) 设曲线过原点的切线为 $y=kx$,切点为(x_0, y_0).

$\because y'=-\mathrm{e}^{-x}$, $\therefore$ 切线的斜率 $k=-\mathrm{e}^{-x_0}$,故切线方程为 $y=-\mathrm{e}^{-x_0}x$

由$\begin{cases}y_0=-\mathrm{e}^{-x_0}x_0,\\ y_0=\mathrm{e}^{-x_0}.\end{cases}$可得切点为$(-1, \mathrm{e})$;

(2) 切线方程为 $y=-\mathrm{e}x$

$\therefore S=\int_{-1}^{0}(\mathrm{e}^{-x}+\mathrm{e}x)\mathrm{d}x$

$$=\left(-\mathrm{e}^{-x}+\frac{\mathrm{e}}{2}x^2\right)\Big|_{-1}^{0}$$

$$=(-1)-\left(-\mathrm{e}+\frac{\mathrm{e}}{2}\right)=\frac{\mathrm{e}}{2}-1.$$

五、证明题

设 $f(x)=(1+x)\ln(1+x)-\arctan x$, $x\in[0, +\infty)$

$$f'(x)=\ln(1+x)+1-\frac{1}{1+x^2}=\ln(1+x)+\frac{x^2}{1+x^2}>0$$

故 $f(x)$ 在$[0, +\infty)$ 上单调递增,

故当 $x > 0$ 时,$f(x) > f(0) = 0$

即$(1+x)\ln(1+x) - \arctan x > 0$

亦即$(1+x)\ln(1+x) > \arctan x$,$(x > 0)$.

模拟题二

一、选择题

1. B. 2. B. 3. C. 4. A. 5. C.

二、填空题

1. $\ln 2$;

2. $y = 5$, $x = 2$, $x = -2$;

3. 1;

4. $\dfrac{y-2x}{2y-x}$; 5. $\dfrac{5\sqrt{5}}{2}$.

三、解答题

1. **解** $\lim\limits_{x\to 0}\dfrac{e^{x^2}-1-x^2}{(1-\cos x)\sin^2 x} = \lim\limits_{x\to 0}\dfrac{e^{x^2}-1-x^2}{\dfrac{1}{2}x^2\cdot x^2} = \lim\limits_{x\to 0}\dfrac{2xe^{x^2}-2x}{2x^3} = \lim\limits_{x\to 0}\dfrac{e^{x^2}-1}{x^2} = 1.$

2. **解** 因为 $f(x)$ 在 $x=0$ 处连续,所以$\lim\limits_{x\to 0^+}f(x) = \lim\limits_{x\to 0^-}f(x)$.

而$\lim\limits_{x\to 0^+}f(x) = \lim\limits_{x\to 0^+}(x^2+a) = a$, $\lim\limits_{x\to 0^-}f(x) = \lim\limits_{x\to 0^-}(1+x)^{-\frac{2}{x}} = e^{-2}$

所以 $a = e^{-2}$.

3. **解** 方程两边同时取对数:$\ln y = \ln(\sin x)^x = x\ln\sin x$

方程两边同时对 x 求导:$\dfrac{1}{y}\cdot y' = \ln\sin x + x\cot x$

所以 $y' = (\sin x)^x(\ln\sin x + x\cot x)$.

4. **解** 函数 $f(x)$ 的定义域为$(-\infty, +\infty)$,且 $f'(x) = \dfrac{2}{3} - \dfrac{2}{3}x^{-\frac{1}{3}} = \dfrac{2}{3}\dfrac{\sqrt[3]{x}-1}{\sqrt[3]{x}}$,

解得 $x=1$ 是 $f(x)$ 的驻点,$x=0$ 是 $f(x)$ 的不可导点.

当 $x\in(-\infty, 0)$ 时,$f'(x) > 0$,所以 $f(x)$ 在$(-\infty, 0]$ 内单调递增;

当 $x\in(0, 1)$ 时,$f'(x) < 0$,所以 $f(x)$ 在$[0, 1]$ 上单调递减;

当 $x\in(1, +\infty)$ 时,$f'(x) > 0$,所以 $f(x)$ 在$[1, +\infty)$ 内单调递增.

从而 $f(x)$ 在 $x=0$ 处取得极大值 $f(0) = 0$,在 $x=1$ 处取得极小值 $f(1) = -\dfrac{1}{3}$.

5. **解** $\int e^{2x}\sin x\,dx = \int e^{2x}\,d(-\cos x)$

$$= -e^{2x}\cos x + \int\cos x\,de^{2x}$$

$$=-e^{2x}\cos x+\int 2e^{2x}\cos x\mathrm{d}x$$

$$=-e^{2x}\cos x+2\int e^{2x}\mathrm{d}\sin x$$

$$=-e^{2x}\cos x+2e^{2x}\sin x-2\int \sin x\cdot 2e^{2x}\mathrm{d}x$$

$$=-e^{2x}\cos x+2e^{2x}\sin x-4\int \sin xe^{2x}\mathrm{d}x$$

移项，得：$5\int \sin xe^{2x}\mathrm{d}x=e^{2x}(2\sin x-\cos x)$

所以$\int \sin xe^{2x}\mathrm{d}x=\frac{1}{5}e^{2x}(2\sin x-\cos x)+c.$

6. **解**　令 $x=t^4$，则 $\mathrm{d}x=4t^3\mathrm{d}t$，

故$\int\frac{\mathrm{d}x}{\sqrt{x}+\sqrt[4]{x}}=\int\frac{4t^3}{t^2+t}\mathrm{d}t=4\int\frac{t^2}{t+1}\mathrm{d}t=4\int\frac{t^2-1+1}{t+1}\mathrm{d}t$

$$=4\int\left(t-1+\frac{1}{t+1}\right)\mathrm{d}t=4\left(\frac{1}{2}t^2-t+\ln(1+t)\right)+C$$

$$=2\sqrt{x}-4\sqrt[4]{x}+4\ln(1+\sqrt[4]{x})+C.$$

7. **解**　设$\int_0^1 f(x)\mathrm{d}x=C$，则 $f(x)=x^2-C$.

两边同时取定积分：

$\int_0^1 f(x)\mathrm{d}x=\int_0^1(x^2-C)\mathrm{d}x$

则 $C=\left(\frac{1}{3}x^3-Cx\right)\Big|_0^1=\frac{1}{3}-C$，所以 $C=\frac{1}{6}$，故 $f(x)=x^2-\frac{1}{6}$.

四、应用题

1. **解**　设切点为$(x_0,\ x_0^2)$，则切线方程为 $y-x_0^2=2x_0(x-x_0)$，即 $y=2x_0x-x_0^2$.

当 $y=0$ 时，$x=\frac{1}{2}x_0$；当 $x=1$ 时，$y=2x_0-x_0^2$

$$S(x_0)=\int_0^1 x^2\mathrm{d}x-\frac{1}{2}\left[\left(1-\frac{1}{2}x_0\right)(2x_0-x_0^2)\right]$$

$$=\frac{1}{3}-\frac{1}{4}x_0\ (2-x_0)^2\quad(0\leqslant x_0\leqslant 1)$$

由 $S'(x_0)=\frac{1}{4}(2-x_0)(3x_0-2)=0$，得区间内的唯一驻点 $x_0=\frac{2}{3}$

因为 $S''\left(\frac{2}{3}\right)=1>0$

故所求切线方程为 $y=\frac{4}{3}x-\frac{4}{9}$.

2. **解**　如图 6 所示建立坐标系，则过 A，B 两点的直线方程为 $y=10x-50$.

取 y 为积分变量，则 y 的变化范围为$[-20,\ 0]$，对应小区间

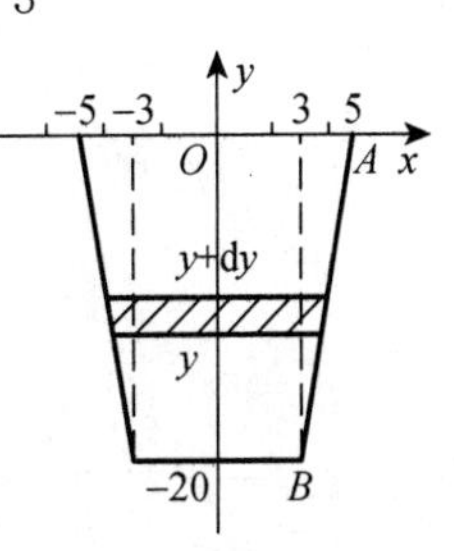

图 6

$[y, y+\mathrm{d}y]$ 的面积近似值为 $2x\mathrm{d}y=\left(\frac{y}{5}+10\right)\mathrm{d}y$,$\rho$ 表示水的密度,因此,水压力为

$$F=\int_{-20}^{0}\left(\frac{y}{5}+10\right)(-y)\rho g\,\mathrm{d}y=1.4373\times 10^{7}\ \mathrm{N}.$$

五、证明题

证明 令 $f(x)=x\ln x+\frac{1}{\mathrm{e}}$,定义域是$(0,+\infty)$

令 $f'(x)=\ln x+1=0$ 得唯一驻点 $x=\frac{1}{\mathrm{e}}$

当 $x\in\left(0,\frac{1}{\mathrm{e}}\right)$时,$f'(x)<0$,所以函数单调递减;

$x\in\left(\frac{1}{\mathrm{e}},+\infty\right)$时,$f'(x)>0$,所以函数单调递增.

所以 $x=\frac{1}{\mathrm{e}}$ 处取得唯一极小值 $f\left(\frac{1}{\mathrm{e}}\right)=0$,即为最小值,

故 $x=\frac{1}{\mathrm{e}}$ 是方程的唯一实根.

参 考 文 献

[1] 同济大学数学系.高等数学[M].6版.北京:高等教育出版社,2007.

[2] 马知恩,王绵森.高等数学简明教程[M].北京:高等教育出版社,2009.

[3] 华东师范大学数学系.数学分析[M].3版.北京:高等教育出版社,2001.

[4] 李成章,黄玉民.数学分析[M].2版.北京:科学出版社,2007.

[5] 西北工业大学高等数学教材编写组.高等数学[M].北京:科学出版社,2005.

[6] 李忠,周建莹.高等数学[M].北京:北京大学出版社,2004.

[7] 刘金林.高等数学[M].北京:机械工业出版社,2009.

[8] 赵树嫄.微积分[M].修订版.北京:中国人民大学出版社,1988.

[9] 蒋国强,蔡蕃.高等数学[M].北京:机械工业出版社,2011.

[10] 盛耀祥.高等数学[M].4版.北京:高等教育出版社,2009.

[11] 韩慧蓉,岳忠玉.高等数学同步作业与训练[M].1版.上海:同济大学出版社,2015.

参考文献

[illegible]

高等数学

同步作业与训练(下册)

主　编　韩慧蓉　周　千
副主编　赵芳玲

内 容 提 要

本书是参照教育部高等院校“工科类数学基础课程教学基本要求”以及西安航空学院教学的实际情况，结合教师多年的教学经验编写而成. 全书分上下两册，共 8 章. 针对普通应用型本科院校本科生的特点，精选每一节的习题，既能保证对知识点的全面覆盖，又考虑了各种题型的广泛性与代表性. 每章按照每小节一套习题，每章结束有一套复习题的形式进行编写，书的最后附有期末考试模拟试题，通过对这些题目的分析解答，读者能更好地掌握知识点和提高综合解题能力.

本书可作为普通应用型本科院校、大学独立院校本科生学习高等数学的同步习题教材，也可供从事高等数学教学的教师安排学生练习和考试使用，还可供报考硕士研究生或自学高等数学的广大读者参考.

图书在版编目(CIP)数据

高等数学同步作业与训练：全两册 / 韩慧蓉，周千主编. —上海：同济大学出版社，2018. 8

ISBN 978-7-5608-8014-3

Ⅰ. ①高… Ⅱ. ①韩… ②周… Ⅲ. ①高等数学–高等学校–习题集 Ⅳ. ①O13-44

中国版本图书馆 CIP 数据核字(2018)第 156475 号

高等数学同步作业与训练(下册)

主编 韩慧蓉 周千 **副主编** 赵芳玲

责任编辑 张崇豪 张智中 **责任校对** 徐春莲 **封面设计** 陈益平

出版发行 同济大学出版社 www.tongjipress.com.cn

(上海市四平路 1239 号 邮编：200092 电话：021-65985622)

经　销 全国各地新华书店

排　版 南京新翰博图文制作有限公司

印　刷 常熟市大宏印刷有限公司

开　本 787 mm×1 092 mm 1/16

印　张 14.75

字　数 368 000

版　次 2018 年 8 月第 1 版 2018 年 8 月第 1 次印刷

书　号 ISBN 978-7-5608-8014-3

定　价 45.00 元(全 2 册)

前　　言

本书是参照教育部高等院校“工科类数学基础课程教学基本要求”以及西安航空学院教学的实际情况，结合编者多年的教学经验编写而成.

随着科学技术的迅猛发展，数学正日益成为科学研究的重要手段和工具. 高等数学是近代数学的基础，是理、工科各专业学生的必修课，也是在现代科学技术、经济管理、人文科学中应用最广泛的一门课程. 因此，学好这门课程对学生今后的发展是至关重要的. 在教学实践中，我们深切体会到一本好的习题书对于加强学生对概念的理解、巩固所学知识、熟练掌握基本的计算方法、提高分析问题和解决问题的能力是非常重要的，同时对于提高教学质量也起着不可忽视的作用. 习题的难易程度尤其重要，过难或者过于简单都不利于调动学生的积极性. 因此，本书的习题在编排过程中，遵循以下原则：

1. 注重对基本概念、基本知识的考查；

2. 习题形式丰富、注重题型多样性；

3. 难度适宜，尤其适用于教师日常教学和学生课后自测，不追求过难的计算和证明.

本书适用于普通应用型本科院校、大学独立院校等，教师可将本章节习题作为作业布置，每章自测题由学生独立完成. 本书还附有若干套期末测试题.

参加本书编写的教师均来自高等数学教学第一线，有着丰富的教学实践经验. 全书分上下两册，共 8 章，本书为下册，分别由赵芳玲（第 5 章）、吴涛（第 6 章）、周千（第 7 章）、李华（第 8 章）编写，全书编写大纲及框架结构安排由韩慧蓉承担，最后的统稿、定稿由韩慧蓉、周千承担. 岳忠玉承担了本书的审稿工作，提出了许多有价值的意见，在此表示衷心的感谢.

由于编者的教学经验和水平有限，加之时间仓促，错误和疏漏之处在所难免，恳请使用者批评指正.

编者

2018 年 5 月

目　录

第 5 章

向量与空间解析几何

5.1 向量及其线性运算

5.1.1 填空题

1. 已知点 $A=(3, 4, 0)$, $B=(0, 4, 3)$, $C=(3, 0, 0)$, $D=(0, 4, 0)$,则点________ 在 xOy 面上,点________ 在 x 轴上,点________ 在 yOz 面上,点________ 在 y 轴上.

2. 点 $P=(1, 2, 3)$ 关于 xOy 坐标面的对称点是________,关于 yOz 坐标面的对称点是________,关于 x 轴的对称点是________,关于 z 轴的对称点是________,关于原点的对称点是________.

3. 已知两点 $M_1(1, 2, 0)$ 和 $M_2(3, 4, 1)$,则向量 $\overrightarrow{M_1M_2}$ 在 x 轴上的投影是________,在 y 轴上的投影是________,在 z 轴上的投影是________.

4. 已知向量 $\boldsymbol{a}=2\boldsymbol{i}+3\boldsymbol{j}+4\boldsymbol{k}$,始点为$(1, -1, 5)$,则终点坐标为________.

5. 设 $\boldsymbol{a}=\boldsymbol{i}-\boldsymbol{j}+\boldsymbol{k}$, $\boldsymbol{b}=2\boldsymbol{i}-3\boldsymbol{j}+\boldsymbol{k}$, $\boldsymbol{c}=-\boldsymbol{i}+\boldsymbol{k}$,则 $3\boldsymbol{a}-\boldsymbol{b}+2\boldsymbol{c}=$ ________.

6. 已知向量 $\boldsymbol{a}$ 的终点在点$(2, -1, 7)$,它在 x 轴,y 轴和 z 轴上的投影分别为 $4, -4, 7$,则 $\boldsymbol{a}$ 的起点的坐标为________.

7. 向量 $\boldsymbol{a}=(-2, 6, -3)$ 的模 $|\boldsymbol{a}|=$ ________,方向余弦 $\cos\alpha=$ ________, $\cos\beta=$ ________, $\cos\gamma=$ ______,与向量 $\boldsymbol{a}$ 同方向的单位向量 $\boldsymbol{e}_a=$ ________.

8. 设 α、β、γ 是向量 $\boldsymbol{a}$ 的三个方向角,则 $\sin^2\alpha+\sin^2\beta+\sin^2\gamma=$ ________.

9. 设向量 $\boldsymbol{a}=(2, -1, 4)$ 与向量 $\boldsymbol{b}=(1, k, 2)$ 平行,则 $k=$ ________.

10. 设 $\boldsymbol{a}=(1, 2, 3)$,$\boldsymbol{b}=(-2, k, 4)$,且 $\boldsymbol{a}\perp\boldsymbol{b}$,则 $k=$ ________.

11. 若向量 $\boldsymbol{a}=3\boldsymbol{i}-\boldsymbol{j}-2\boldsymbol{k}$,$\boldsymbol{b}=\boldsymbol{i}+2\boldsymbol{j}-\boldsymbol{k}$,则 $\boldsymbol{a}\cdot\boldsymbol{b}=$ ________,$\boldsymbol{a}$ 与 $\boldsymbol{b}$ 的夹角的余弦为________,$prj_a\boldsymbol{b}=$ ______,$\boldsymbol{a}\times\boldsymbol{b}=$ ____________.

12. 设 $|\boldsymbol{a}|=5$,$|\boldsymbol{b}|=2$,$\boldsymbol{a}$ 与 $\boldsymbol{b}$ 的夹角为 $\frac{\pi}{3}$,则 $|2\boldsymbol{a}-3\boldsymbol{b}|=$ ________.

5.1.2 判断题

1. 若 $\boldsymbol{c}\cdot\boldsymbol{b}=\boldsymbol{a}\cdot\boldsymbol{c}$,且 $\boldsymbol{c}\neq\boldsymbol{0}$,则 $\boldsymbol{a}=\boldsymbol{b}$( ).

2. 若 $\boldsymbol{a}\cdot\boldsymbol{b}=0$,则 $\boldsymbol{a}=\boldsymbol{0}$ 或者 $\boldsymbol{b}=\boldsymbol{0}$( ).

3. 若 $\boldsymbol{c}\times\boldsymbol{b}=\boldsymbol{a}\times\boldsymbol{c}$,且 $\boldsymbol{c}\neq\boldsymbol{0}$,则 $\boldsymbol{a}=\boldsymbol{b}$( ).

4. 向量$\boldsymbol{a}$,$\boldsymbol{b}$垂直的充分必要条件是$\boldsymbol{a}\cdot\boldsymbol{b}=0$(　　).

5. 向量$\boldsymbol{a}$,$\boldsymbol{b}$平行的充分必要条件是$\boldsymbol{a}\times\boldsymbol{b}=\boldsymbol{0}$(　　).

5.1.3　计算题

1. 已知点$M_1(4,\sqrt{2},1)$,$M_2(3,0,2)$,计算向量$\overrightarrow{M_1M_2}$的模、方向余弦和方向角.

2. 在z轴上求与两点$A(-4,1,7)$和$B(3,5,-2)$等距离的点的坐标.

3. 设$\boldsymbol{m}=3\boldsymbol{i}+5\boldsymbol{j}+8\boldsymbol{k}$, $\boldsymbol{n}=2\boldsymbol{i}-4\boldsymbol{j}-7\boldsymbol{k}$, $\boldsymbol{p}=5\boldsymbol{i}+\boldsymbol{j}-4\boldsymbol{k}$,求向量$\boldsymbol{a}=4\boldsymbol{m}+3\boldsymbol{n}-\boldsymbol{p}$在$x$轴上的投影及在$y$轴上的分向量.

4. 已知$\boldsymbol{a}=(1,1,-4)$,$\boldsymbol{b}=(1,-2,2)$,求:

(1) $\boldsymbol{a}\cdot\boldsymbol{b}$;　　(2) $\boldsymbol{a}$与$\boldsymbol{b}$的夹角;　　(3) $\boldsymbol{a}$在$\boldsymbol{b}$上的投影.

5. 已知 $\boldsymbol{a}=(2, 3, 1)$，$\boldsymbol{b}=(1, -2, 1)$，求 $\boldsymbol{a}\times\boldsymbol{b}$ 及 $\boldsymbol{b}\times\boldsymbol{a}$.

6. 求以 $A(1, 2, 3)$，$B(3, 4, 5)$，$C(-1, -2, 7)$ 为顶点的三角形的面积 S.

7. 设 $M_1(1, -1, 2)$，$M_2(3, 3, 1)$，$M_3(3, 1, 3)$. 求与 $\overrightarrow{M_1M_2}$、$\overrightarrow{M_2M_3}$ 同时垂直的单位向量.

8. 判断向量 $\boldsymbol{a}=-2\boldsymbol{i}+3\boldsymbol{j}+\boldsymbol{k}$，$\boldsymbol{b}=-\boldsymbol{j}+\boldsymbol{k}$，$\boldsymbol{c}=\boldsymbol{i}-\boldsymbol{j}-\boldsymbol{k}$ 是否共面?

5.2　平面及其方程

5.2.1　填空题

1. 过点(3, 0, −1),且与平面 $3x-7y+5z-12=0$ 平行的平面方程为________________.

2. 一平面与 x 轴,y 轴以及 z 轴的交点分别是(1, 0, 0),(0, 2, 0) 和(0, 0, 3),则该平面方程为____________.

3. 平面 $3x-y+2z-1=0$ 与平面 $x-y-2z+3=0$ 的位置关系是________.

4. 平面 $x+2y+kz+1=0$ 与向量 $\boldsymbol{a}=(1, 2, 1)$ 垂直,则 $k=$ ________.

5. 平面 $6x-3y+4z-12=0$ 与三个坐标平面围成的四面体的体积为________.

6. 点(−1, −2, 1) 到平面 $x+2y-2z-5=0$ 的距离是________.

7. 平面 $x+y+2z+1=0$ 与 $2x-y+z-1=0$ 的夹角为________.

8. 已知平面 $\pi_1: A_1x+B_1y+C_1z+D_1=0$ 和 $\pi_2: A_2x+B_2y+C_2z+D_2=0$,则 $\pi_1\perp\pi_2$ 的充要条件为________________,$\pi_1 // \pi_2$ 的充要条件为________________.

5.2.2　指出下列平面的位置特点

1. $2x+3y+2=0$.

2. $x-y+z=0$.

3. $4y-7z=0$.

4. $3y-1=0$.

5. $z=0$.

6. $3x+z=0$.

5.2.3　解答题

1. 已知一平面通过三点 $P_1(1, -1, 0)$, $P_2(2, 3, -1)$, $P_3(-1, 0, 2)$,求这个平面方程.

2. 求通过 z 轴且过点(2, 4, −3) 的平面方程.

3. 求与平面 $4x - y + 2z = 8$ 垂直且过原点及点$(6, -3, 2)$的平面方程.

4. 求平面 $5x - 14y + 2z - 8 = 0$ 与坐标平面 xOy 的夹角.

5. 求平行于向量 $\boldsymbol{a} = (2, 1, 1)$ 和 $\boldsymbol{b} = (1, -1, 0)$ 且过点$(1, 0, -1)$的平面方程.

5.3 空间直线及其方程

5.3.1 填空题

1. 直线 L_1:$\frac{x-1}{1}=\frac{y}{-4}=\frac{z+3}{1}$ 和直线 L_2:$\frac{x}{2}=\frac{y+2}{-2}=\frac{z}{-1}$ 的夹角是________.

2. 直线$\frac{x-2}{1}=\frac{y-3}{1}=\frac{z-4}{2}$ 与平面 $2x+y+z=6$ 的交点是________.

3. 过点(1, −1, 2) 且与平面 $3x+y+5z+1=0$ 垂直的直线方程是________________.

4. 过点(1, 0, −1) 且与直线 $\begin{cases}2x+y+z-1=0,\\x-y+2=0.\end{cases}$ 垂直的平面方程是________________.

5. 过点(4, −1, 3) 且平行于直线 $\frac{x-3}{2}=\frac{y}{1}=\frac{z-1}{5}$ 的直线方程是________________.

5.3.2 解答题

1. 求通过两点 $A(1,-1,2)$ 和 $B(-1,0,2)$ 的直线方程(用对称式和参数方程表示).

2. 把直线的一般式方程 $\begin{cases}x+y+z+1=0,\\2x-y+3z+4=0.\end{cases}$ 化为直线的对称式方程.

3. 一直线通过点 $A(0,-1,3)$ 且与平面 π_1:$3x-y+5z+1=0$, π_2:$x+2y-3z-5=0$ 都平行,求此直线的方程.

4. 求直线$\begin{cases}5x-3y+3z-9=0,\\3x-2y+z-1=0.\end{cases}$与平面 $2x-y+2z+5=0$ 的夹角.

5. 求过直线$\dfrac{x-2}{5}=\dfrac{y+1}{2}=\dfrac{z-2}{4}$且与平面 $x+4y-3z+7=0$ 垂直的平面方程.

6. 确定下列各组中的直线和平面的位置关系.

(1) $\dfrac{x+3}{-2}=\dfrac{y+4}{-7}=\dfrac{z}{3}$ 和 $4x-2y-2z-5=0$;

(2) $\dfrac{x}{3}=\dfrac{y}{-2}=\dfrac{z}{7}$ 和 $3x-2y+7z-8=0$;

(3) $\dfrac{x-2}{3}=\dfrac{y+2}{1}=\dfrac{z-3}{-4}$ 和 $x+y+z-3=0$;

(4) $\begin{cases}x+3y+2z+1=0,\\2x-y-10z+3=0.\end{cases}$ 和 $4x-2y+z-2=0$.

5.4 曲面与曲线

5.4.1 填空题

1. 以点(1, 2, 3)为球心,且通过坐标原点的球面方程是________.

2. 方程$x^2+y^2+z^2-2x+4y+2z=0$表示球心在点________,半径为________的球面方程.

3. 方程$\frac{x^2}{4}-\frac{y^2}{9}=1$表示的曲面是________,方程$x^2-\frac{y^2}{4}+z^2=1$表示的曲面是________,方程$z=\frac{x^2}{4}+\frac{y^2}{9}$表示的曲面是________,方程$z=\sqrt{x^2+y^2}$表示的曲面是________,方程$z=x^2+y^2$表示的曲面是________,方程$x^2+2y^2+3z^2=6$表示的曲面是________,方程$z=\frac{x^2}{16}-\frac{y^2}{9}$表示的曲面是________.

4. 方程组$\begin{cases}\frac{y^2}{9}-\frac{z^2}{4}=1,\\ x=2.\end{cases}$表示的曲线是________,

方程组$\begin{cases}x^2+4y^2+9z^2=36,\\ y=1.\end{cases}$表示的曲线是________.

5. xOy坐标面上的双曲线$4x^2-9y^2=36$绕x轴旋转一周而成的曲面方程是________,该曲线绕y轴旋转一周而成的曲面方程是________.

6. 方程$x^2+y^2=1$在平面直角坐标系中表示的图形为________,而在空间直角坐标系中表示的图形为________.

7. 曲线$\begin{cases}x^2+y^2+z^2=9,\\ x+z=1.\end{cases}$在平面$xOy$上的投影曲线方程为________.在平面$xOz$上的投影曲线方程为________.

5.4.2 说明下列旋转曲面是怎样形成的

1. $\frac{x^2}{4}+\frac{y^2}{9}+\frac{z^2}{9}=1$.

2. $x^2-\frac{y^2}{4}+z^2=1$.

3. $x^2+y^2=4z$.

4. $\frac{x^2}{9}-\frac{y^2}{16}-\frac{z^2}{16}=1$.

5.4.3　画出下列方程所表示的曲面

1. $x-y=0$.

2. $y^2=2x$.

3. $(x-1)^2+y^2=1$.

4. $\frac{x^2}{4}+y^2=z$.

5. $z=\sqrt{x^2+y^2}$.

6. $z=\sqrt{1-x^2-y^2}$.

7. $z=x^2+y^2$.

8. $4x-3y+2z-12=0$.

5.4.4　解答题

1. 指出下列方程组(或方程)在平面直角坐标系与在空间直角坐标系中分别表示什么图形.

(1) $\begin{cases} y=5x+1, \\ y=2x-3. \end{cases}$

(2) $\begin{cases} \frac{x^2}{4}+\frac{y^2}{9}=1, \\ y=3; \end{cases}$

(3) $y=3x^2$.　　　　(4) $x=1$.

2. 分别求母线平行于 x 轴及 y 轴而且通过曲线$\begin{cases}2x^2+y^2+z^2=16,\\x^2-y^2+z^2=0.\end{cases}$的柱面方程.

3. 求曲线$\begin{cases}2y^2+z^2+4x=4z,\\y^2+3z^2-8x=12z.\end{cases}$在三个坐标平面上的投影.

4. 将下列曲线的一般方程化为参数方程:

(1) $\begin{cases}3x^2+y^2+z^2=16,\\y=x;\end{cases}$　　　　(2) $\begin{cases}(x-1)^2+y^2+(z+1)^2=4,\\z=0.\end{cases}$

5. 设一个立体,由上半球面 $z=\sqrt{4-x^2-y^2}$ 和锥面 $z=\sqrt{3(x^2+y^2)}$ 所围成,求它在 xOy 面上的投影.

复习题五

一、填空题

1. $|\boldsymbol{r}|=6$,向量 $\boldsymbol{r}$ 与 x 轴的夹角为$\dfrac{\pi}{6}$,则向量 $\boldsymbol{r}$ 在 x 轴上的投影为________.

2. 向量 $\boldsymbol{a}=(3,5,-2)$, $\boldsymbol{b}=(2,1,4)$,则 $\boldsymbol{a}\cdot\boldsymbol{b}=$ ________.

3. 将 yOz 坐标面上的曲线 $z^2=5y$ 绕 y 轴旋转一周,所生成的旋转曲面方程为________.

4. 通过 y 轴和点$(-3,1,2)$的平面方程为________.

5. 点$(1,2,1)$到平面 $x+2y+2z-10=0$ 的距离为________.

6. 直线$\begin{cases}x+y-z=0,\\2x-z=1.\end{cases}$的方向向量为________.

7. 两条空间直线$\dfrac{x+1}{2}=y=\dfrac{z-1}{-1}$与$\begin{cases}x+y-z=0,\\2x-z=1.\end{cases}$的夹角为________.

8. 曲线$\begin{cases}y^2+z^2=x,\\x+2y-z=0.\end{cases}$在平面 yOz 上的投影曲线方程为________.

二、选择题

1. 向量 $\boldsymbol{a}$ 的起点为$(2,-1,7)$,终点为$(-2,3,0)$,则与 $\boldsymbol{a}$ 同方向的单位向量是(　　).

(A) $(-4,4,-7)$　　(B) $(4,-4,-7)$

(C) $\dfrac{1}{9}(-4,4,-7)$　　(D) $\pm\dfrac{1}{9}(-4,4,-7)$

2. 已知 $\boldsymbol{a}=2\boldsymbol{i}-3\boldsymbol{j}+\boldsymbol{k}$, $\boldsymbol{b}=\boldsymbol{i}-\boldsymbol{j}+3\boldsymbol{k}$, $\boldsymbol{c}=\boldsymbol{i}-2\boldsymbol{j}$,则$(\boldsymbol{a}\times\boldsymbol{b})\cdot\boldsymbol{c}=$(　　).

(A) 1　　(B) -1　　(C) -2　　(D) 2

3. 母线平行于 y 轴且通过曲线$\begin{cases}2x^2+y^2+z^2=16,\\x^2+z^2-y^2=0.\end{cases}$的柱面方程为(　　).

(A) $3y^2-z^2=16$　　(B) $3x^2-z^2=16$

(C) $3x^2+2z^2=16$　　(D) $3y^2+2z^2=16$

4. 经过点$(1,-1,4)$和直线$\dfrac{x+1}{2}=\dfrac{y}{5}=\dfrac{1-z}{-1}$垂直的平面方程是(　　).

(A) $2x+5y-z+7=0$　　(B) $2x+5y+z-1=0$

(C) $2x+5y+z+1=0$　　(D) $2x+5y-z+3=0$

5. 在 x 轴上与点 $A(-3,1,7)$ 和点 $B(7,5,-5)$ 等距离的点的横坐标为(　　).

(A) 1　　(B) 2　　(C) 3　　(D) 1 或 2

6. 向量 $\boldsymbol{a}$, $\boldsymbol{b}$ 的向量积 $\boldsymbol{a}\times\boldsymbol{b}=\boldsymbol{0}$,则下面结论一定成立的是(　　).

(A) $\boldsymbol{a}=\boldsymbol{0}$　　(B) $\boldsymbol{b}=\boldsymbol{0}$　　(C) $\boldsymbol{a}=\boldsymbol{b}=\boldsymbol{0}$　　(D) $\boldsymbol{a}//\boldsymbol{b}$

7. 在空间直角坐标系下,下列柱面中母线平行于 z 轴的是(　　).

(A) $x^2+z^2=1$　　(B) $\dfrac{y^2}{16}+\dfrac{z^2}{9}=1$

(C) $\frac{x^2}{4}+\frac{y^2}{9}=1$ (D) $y^2-z^2=1$

8. 在 xOy 面上的椭圆$\frac{x^2}{a^2}+\frac{y^2}{b^2}=1$绕 x 轴旋转所形成的旋转曲面方程是(　　).

(A) $\frac{x^2+y^2}{a^2}+\frac{y^2}{b^2}=1$ (B) $\frac{x^2+z^2}{a^2}+\frac{y^2}{b^2}=1$

(C) $\frac{x^2}{a^2}+\frac{x^2+y^2}{b^2}=1$ (D) $\frac{x^2}{a^2}+\frac{y^2+z^2}{b^2}=1$

9. 方程 $z=\sqrt{x^2+y^2}$ 的图形是(　　).

(A) 抛物面 (B) 原点(0, 0, 0)

(C) 圆锥面 (D) 半球面

10. 方程组$\begin{cases}x^2+y^2=z,\\x+y=1.\end{cases}$在空间表示(　　).

(A) 椭圆 (B) 抛物线 (C) 圆 (D) 圆柱面

三、解答题

1. 已知$|\boldsymbol{a}|=4$, $|\boldsymbol{b}|=3$,向量 $\boldsymbol{a}$ 与 $\boldsymbol{b}$ 的夹角为$\frac{\pi}{6}$,求以 $\boldsymbol{a}+2\boldsymbol{b}$ 和 $\boldsymbol{a}-3\boldsymbol{b}$ 为邻边的平行四边形的面积.

2. 求通过点 $A(1, 0, 0)$、$B(0, 0, 3)$ 和 $C(-2, 1, 1)$ 的平面方程.

3. 求过点 $P(2, 0, -3)$ 且与直线$\begin{cases}x-2y+4z-7=0,\\3x+5y-2z+1=0.\end{cases}$垂直的平面方程.

4. 求平行于两平面 $x-4z=3$ 和 $2x-y-5z-1=0$ 的交线且过点 $(-3, 2, 5)$ 的直线的方程.

5. 已知点 $(-1, 0, 4)$ 和直线 $\frac{x+1}{1}=\frac{y-3}{1}=\frac{z}{2}$ 在同一平面上,求该平面方程.

6. 确定下列直线与直线(平面)间的位置关系:

(1) 直线 $\frac{x+2}{-2}=\frac{y-1}{-7}=\frac{z}{3}$ 和平面 $4x-2y-2z-3=0$;

(2) 直线 $\begin{cases} x+2y-z=0, \\ -2x+y+z=7. \end{cases}$ 与直线 $\begin{cases} 3x+6y-3z=8, \\ 2x-y-z=0; \end{cases}$

(3) 直线 $\frac{x+1}{3}=\frac{y}{-5}=\frac{z-1}{7}$ 与平面 $3x-5y+7z=8$.

7. 求过点 $M(2, 3, 4)$,且垂直于直线 L:$\frac{x}{5}=\frac{y}{6}=\frac{z+1}{4}$ 以及平行于平面 π:$4x+2y+3z-11=0$ 的直线方程.

8. 求由曲面 $z=6-x^2-y^2$ 和 $z=\sqrt{x^2+y^2}$ 所围成的立体图形在 xOy 坐标面上的投影区域.

第 6 章

多元函数微分学

6.1　多元函数的概念、极限与连续

6.1.1　判断题

1. 二元函数 $z = f(x, y)$ 中，x 和 y 没有确定的关系（　　）.
2. 二元函数的间断点都是孤立点（　　）.
3. 闭区域上的多元连续函数一定是有界函数（　　）.
4. 多元初等函数在其定义区域内都是连续的（　　）.

6.1.2　填空题

1. 设 $f(x, y) = xy + \frac{x}{y}$，则 $f(\frac{1}{3}, \frac{1}{2}) =$ ________，$f(1, x+y) =$ ________________.
2. 设 $f(xy, x-y) = x^2 + y^2$，则 $f(x, y) =$ ______________.
3. 函数 $z = \frac{x+y}{y-2x^2}$ 的间断点是______________.

6.1.3　求下列函数的定义域，并在平面直角坐标系中画出该区域

1. $z = \sqrt{x - \sqrt{y}}$.

2. $z = \frac{\sqrt{4x - y^2}}{\ln(1 - x^2 - y^2)}$.

3. $z=\dfrac{1}{\sqrt{x}\arcsin y}$.

6.1.4　计算下列极限

1. $\lim\limits_{(x,y)\to(0,0)}\dfrac{\sin(xy)}{x}$.

2. $\lim\limits_{(x,y)\to(0,1)}\dfrac{1-xy}{x^2+y^2}$.

3. $\lim\limits_{(x,y)\to(0,0)}\dfrac{2-\sqrt{xy+4}}{xy}$.

4. $\lim\limits_{(x,y)\to(0,0)}\dfrac{xy}{\sqrt{2-e^{xy}}-1}$.

6.2 多元函数的偏导数与全微分

6.2.1 判断题

1. 函数 $f(x, y)$ 在点 (x_0, y_0) 处的两个偏导数 $f_x(x_0, y_0)$, $f_y(x_0, y_0)$ 存在,那么函数 $f(x, y)$ 在该点处连续(　　).

2. 若函数 $z = f(x, y)$ 在点 (x, y) 处的两个偏导数都存在,则 $\mathrm{d}z = \frac{\partial z}{\partial x} \cdot \mathrm{d}x + \frac{\partial z}{\partial y} \cdot \mathrm{d}y$(　　).

3. 若函数 $z = f(x, y)$ 在点 (x, y) 处可微,则函数在点 (x, y) 处必定连续(　　).

4. 若函数 $z = f(x, y)$ 在点 (x, y) 处可微,则函数在点 (x, y) 处偏导数必定存在(　　).

6.2.2 求下列函数的偏导数

1. $z = x^2 \cos y$.

2. $z = \ln(1 + x^2 - y^2)$.

3. $z = \tan(xy^2)$.

4. $z = (1 + xy)^y$.

5. $z = e^{-x}\sin(x + 2y)$.

6. 设 $f(x, y) = x + y - \sqrt{x^2 + y^2}$,求 $f_x(3, 4)$.

6.2.3　求下列函数的二阶偏导数

1. $z = x^4 + y^4 - 4x^2y^2$.

2. $z = \arctan\dfrac{y}{x}$.

6.2.4　求下列函数的全微分

1. 函数 $z = e^{xy}$ 在点(2, 1) 处的全微分.

2. $z=xy\ln y$.

3. $z=\mathrm{e}^{x}\sin(2x+3y)$.

4. $z=\arctan\dfrac{x}{y}$.

5. $u=x^{yz}$.

6.2.5 解答题

用偏导数的定义讨论函数$z=f(x,y)=\begin{cases}\dfrac{xy}{x^2+y^2}, & x^2+y^2\neq 0,\\ 0, & x^2+y^2=0.\end{cases}$在点(0, 0)处的偏导数是否存在,并说明函数在该点处的连续性.

6.3　复合函数求导、隐函数求导及方向导数

6.3.1　复合函数求导

6.3.1.1　填空题

1. 函数 $z=\arcsin(x-y)$，$x=3t$，$y=4t^3$，则 $\frac{dz}{dt}=$ ________________.

2. 设 $z=u^2v-uv^2$，$u=x\cos y$，$v=x\sin y$，则 $\frac{\partial z}{\partial x}=$ ________________，$\frac{\partial z}{\partial y}=$ ________________.

3. 设 $z=f(u,v,w)=u^2+vw$，而 $u=x+y$，$v=x^2$，$w=xy$，则 $dz=$ ________________.

6.3.1.2　求下列函数的偏导数(f 具有二阶连续偏导数)

1. 设 $z=u^2+v^2$，而 $u=x+y$，$v=x-y$，求 $\frac{\partial z}{\partial x}$，$\frac{\partial z}{\partial y}$.

2. 设 $u=f(x,y,z)=e^{x^2+y^2+z^2}$，而 $z=x^2\sin^2 y$. 求 $\frac{\partial u}{\partial x}$，$\frac{\partial u}{\partial y}$.

3. 设 $z=uv+\sin t$，而 $u=e^t$，$v=\cos t$. 求全导数 $\frac{dz}{dt}$.

4. 设 $w=f(x+y+z,\ xyz)$，f 具有二阶连续偏导数，求$\dfrac{\partial^2 w}{\partial x^2}$，$\dfrac{\partial^2 w}{\partial y\partial z}$.

6.3.1.3　求下列函数的一阶偏导数(f 具有一阶连续偏导数)

1. $u=f(x^2-y^2,\ e^{xy})$.

2. $u=f\left(\dfrac{x}{y},\ \dfrac{y}{z}\right)$.

6.3.2　隐函数求导

6.3.2.1　求下列隐函数的导数或偏导数

1. 设 $\ln\sqrt{x^2+y^2}=\arctan\dfrac{y}{x}$，求$\dfrac{dy}{dx}$.

2. 设 $x+2y+z=2\sqrt{xyz}$，求$\dfrac{\partial z}{\partial x}$ 及$\dfrac{\partial z}{\partial y}$.

3. 设 $z=(2x+y)^z$，求$\dfrac{\partial z}{\partial x}$ 及$\dfrac{\partial z}{\partial y}$.

6.3.2.2　求下列方程组所确定的函数的导数或偏导数

1. 设$\begin{cases} z = x^2 + y^2, \\ x^2 + 2y^2 + 3z^2 = 20. \end{cases}$求$\dfrac{dy}{dx}$，$\dfrac{dz}{dx}$.

2. 设$\begin{cases} x + y + z = 0, \\ x^2 + y^2 + z^2 = 1. \end{cases}$求$\dfrac{dx}{dz}$，$\dfrac{dy}{dz}$.

3. 设$\begin{cases} xu - yv = 0, \\ yu + xv = 1. \end{cases}$求$\dfrac{\partial u}{\partial x}$，$\dfrac{\partial u}{\partial y}$，$\dfrac{\partial v}{\partial x}$，$\dfrac{\partial v}{\partial y}$.

6.3.3　方向导数

6.3.3.1　填空题

1. 函数 $z=x^2+y^2$ 在点(1, 2)处沿从点(1, 2)到点$(2, 2+\sqrt{3})$的方向的方向导数为________.

2. 函数 $u=xyz$ 在点(5, 1, 2)处沿从点(5, 1, 2)到点(9, 4, 14)的方向的方向导数为________.

3. 函数 $u=xy+xz+yz$ 在点(1, 1, 2)处沿方向角为 $\alpha=\dfrac{\pi}{3}$, $\beta=\dfrac{\pi}{4}$, $\gamma=\dfrac{\pi}{3}$ 的方向导数是________.

4. 设 $f(x, y)=x^2+2y^2+3x-2y$,则 $\textbf{grad}\, f(0, 0)=$ ________.

5. 设 $f(x, y, z)=x^2+2y^2+3z^2+xy+3x-2y-6z$,则 $\textbf{grad}\, f(1, 1, 1)=$ ________.

6. 函数 $f(x, y, z)=x^3-xy^2-z$ 在点(1, 1, 0)处增加最快的方向是____________,最大变化率是________.

6.3.3.2　解答题

1. 设 $f(x, y)=x^2+y^2$,$P_0(1, 1)$,求:

(1) $f(x, y)$ 在 P_0 处增加最快的方向以及 $f(x, y)$ 沿这个方向的方向导数;

(2) $f(x, y)$ 在 P_0 处减少最快的方向以及 $f(x, y)$ 沿这个方向的方向导数;

(3) $f(x, y)$ 在 P_0 处变化率为零的方向.

2. 求函数 $z=\ln(x+y)$ 在抛物线 $y^2=4x$ 上点(1, 2)处,沿着抛物线在该点处偏向 x 轴正向的切线方向的方向导数.

6.4　多元函数微分学的应用

6.4.1　空间曲线的切线与法平面

6.4.1.1　求下列曲线在指定点处的切线及法平面方程

1. $x=t$, $y=t^2$, $z=\dfrac{t}{1+t}$ 在点 $\left(1,1,\dfrac{1}{2}\right)$ 处.

2. $x=2\sin^2 t$, $y=3\sin t\cos t$, $z=\cos^2 t$ 在对应点 $t=\dfrac{\pi}{4}$ 处.

3. $\begin{cases} y=2x^2, \\ z=3x+1. \end{cases}$ 在点 $M(0,0,1)$ 处.

4. $\begin{cases} x^2+y^2+z^2-3x=0, \\ 2x-3y+5z-4=0. \end{cases}$ 在点 $M(1,1,1)$ 处.

6.4.2 空间曲面的切平面与法线

6.4.2.1 填空题

曲面 $z = x^2 + y^2$ 在点(1, 1, 2)处的法线与平面 $Ax + By + z + 1 = 0$ 垂直,则 $A =$ ________,$B =$ ________.

6.4.2.2 求下列曲面在指定点处的切平面及法线方程

1. $e^z - z + xy = 3$, $M(2, 1, 0)$.

2. $z = x^2 + y^2$, $M(2, 1, 5)$.

6.4.2.3 计算题

求抛物面 $z = x^2 + y^2$ 的切平面,使该切平面平行于平面 $x - y + 2z = 0$.

6.4.3　多元函数的极值

6.4.3.1　选择题

1. 若 $f_x(x_0, y_0)=0, f_y(x_0, y_0)=0$,则在点 (x_0, y_0) 处,函数 $z=f(x, y)$(　　).

(A) 全微分 $dz|_{(x_0, y_0)}=0$　　(B) 连续

(C) 一定取到极值　　(D) 可能取到极值

2. 对于函数 $f(x, y)=\sqrt{x^2+y^2}$,原点 $(0, 0)$ 是(　　).

(A) 驻点且为极值点　　(B) 驻点但非极值点

(C) 非驻点但为极大值点　　(D) 非驻点但为极小值点

6.4.3.2　填空题

函数 $z=x^2+(y-1)^2$ 在点________处取得的极________值,相应的值是________.

6.4.3.3　计算题

1. 求函数 $z=x^2+y^2-6x+8y$ 在闭区域 $D: x^2+y^2\leqslant 36$ 上的最值.

2. 求函数 $z=x^3+y^3-3xy$ 的极值.

6.4.3.4 应用题

某厂生产甲乙两种产品,每天计划生产42件,如果生产甲产品x件,乙产品y件,则成本函数$C(x, y) = 8x^2 - xy + 12y^2$(单位为元),求最小成本.

复习题六

一、填空题

1. $\lim\limits_{\substack{x\to 0\\ y\to 1}}\dfrac{1-xy}{x^2+y^2}=$ ________.

2. 设 $z=\arctan\dfrac{y}{x}$,则$\left.\dfrac{\partial z}{\partial y}\right|_{(1,\ 2)}=$ ________.

3. 函数 $z=\dfrac{y^2+2x}{y^2-2x}$ 的间断点是________________.

4. 设 $f(x,\ y,\ z)=x+y^2+xz$,则 $f(x,\ y,\ z)$ 在点$(1,\ 0,\ 1)$处沿方向 $\boldsymbol{l}=2\boldsymbol{i}-2\boldsymbol{j}+\boldsymbol{k}$ 的方向导数是________.

5. 函数 $z=2x^3+y^2-6x$ 的驻点是____________________.

二、选择题

1. 下列说法正确的是(　　).

(A) 可微函数 $f(x,\ y)$ 在点$(x_0,\ y_0)$处达到极值,则必有 $f_x(x_0,\ y_0)=f_y(x_0,\ y_0)=0$

(B) 函数 $f(x,\ y)$ 在点$(x_0,\ y_0)$处达到极值,则必有 $f_x(x_0,\ y_0)=f_y(x_0,\ y_0)=0$

(C) 若 $f_x(x_0,\ y_0)=f_y(x_0,\ y_0)=0$,则函数 $f(x,\ y)$ 在点$(x_0,\ y_0)$处达到极值

(D) 若 $f_x(x_0,\ y_0)$ 或 $f_y(x_0,\ y_0)$ 有一个不存在,则函数 $f(x,\ y)$ 在点$(x_0,\ y_0)$处一定没有极值

2. 设 $z=y^2+f(x^2-y^2)$,其中 $f(u)$ 可微,则:$y\dfrac{\partial z}{\partial x}+x\dfrac{\partial z}{\partial y}=$(　　).

(A) xyf　　(B) $2xy$　　(C) $2xyf$　　(D) xy

3. 曲面 $\cos(\pi x)-x^2y+e^{xz}+yz=4$ 在点$(0,\ 1,\ 2)$上的切平面方程是(　　).

(A) $2x+2y+z+4=0$　　(B) $2x+2y+z-4=0$

(C) $x+y+z-1=0$　　(D) $x+y+z+1=0$

4. 设函数 $u=xz^3-yz-x-z$,则函数 u 在点$(1,\ -2,\ 1)$处方向导数的最大值是(　　).

(A) 2　　(B) $\sqrt{17}$　　(C) 7　　(D) 3

5. 设函数 $x^2+y^2+z^2-4z=0$,则$\dfrac{\partial z}{\partial x}=$(　　).

(A) $\dfrac{y}{2-z}$　　(B) $\dfrac{2x}{z-4}$　　(C) $\dfrac{x}{2-z}$　　(D) $\dfrac{2y}{z-2}$

三、计算题

1. 求函数的极限$\lim\limits_{\substack{x\to 0\\ y\to 0}}\dfrac{\sqrt{xy+1}-1}{xy}$.

2. 求函数 $z=f(x^2-y^2,\ \mathrm{e}^{xy})$ 的一阶偏导数(其中 f 具有一阶连续偏导数).

3. 设 $z=u^2\ln v$,而 $u=\dfrac{x}{y}$, $v=3x-2y$,求$\dfrac{\partial z}{\partial x}$, $\dfrac{\partial z}{\partial y}$.

4. 求曲线 $x=t$, $y=t^2$, $z=t^3$ 在点(1, 1, 1)处的切线和法平面方程.

5. 设函数 $z=z(x,\ y)$ 由方程 $2\sin(x+2y-3z)=x+2y-3z$ 确定,求$\dfrac{\partial z}{\partial x}+\dfrac{\partial z}{\partial y}$.

6. 求椭球面 $x^2+2y^2+z^2=1$ 上平行于平面 $x-y+2z=0$ 的切平面方程.

7. 求函数 $z=2x^3+y^2-6x$ 的极值.

四、应用题

从斜边长为 l 的一切直角三角形中,用拉格朗日乘数法求有最大周长的直角三角形.

第 7 章

多元函数积分学

7.1 二重积分的概念、计算和应用

7.1.1 二重积分的概念和性质

7.1.1.1 填空题

1. 比较下列积分的大小：

(1) D 是由 x 轴，y 轴与直线 $x+y=1$ 所围成，则 $\iint\limits_{D}(x+y)^2\mathrm{d}x\mathrm{d}y$ ____ $\iint\limits_{D}(x+y)^3\mathrm{d}x\mathrm{d}y$；

(2) D 是由 $3\leqslant x\leqslant 5,\ 0\leqslant y\leqslant 1$ 所围成，则 $\iint\limits_{D}\ln(x+y)\mathrm{d}x\mathrm{d}y$ ____ $\iint\limits_{D}(\ln(x+y))^2\mathrm{d}x\mathrm{d}y$.

2. 根据二重积分的几何意义，给出下列二重积分的积分值：

(1) 设 D：$0\leqslant x\leqslant 1,\ 0\leqslant y\leqslant 1$，则 $\iint\limits_{D}\mathrm{d}\sigma=$ ________；

(2) 设 D：$1\leqslant x^2+y^2\leqslant 4$，则 $\iint\limits_{D}\mathrm{d}\sigma=$ ______；

(3) 若 D 是以 $(0,\ 0)$，$(1,\ 0)$，$(0,\ 1)$ 为顶点的三角形区域，则 $\iint\limits_{D}2\mathrm{d}x\mathrm{d}y=$ ________.

3. 估计下列积分值：

(1) D 是矩形闭区域：$0\leqslant x\leqslant 1,\ 0\leqslant y\leqslant 2$，则 ____ $\leqslant\iint\limits_{D}(x+y+1)\mathrm{d}\sigma\leqslant$ ____.

(2) D 是闭区域：$0\leqslant x\leqslant \pi,\ 0\leqslant y\leqslant \pi$，则 ____ $\leqslant\iint\limits_{D}\sin^2 x\sin^2 y\mathrm{d}\sigma\leqslant$ ________.

(3) D 是矩形闭区域：$0\leqslant x\leqslant 1,\ 0\leqslant y\leqslant 1$，则 ____ $\leqslant\iint\limits_{D}xy(x+y)\mathrm{d}\sigma\leqslant$ ________.

(4) D 是圆形闭区域：$x^2+y^2\leqslant 4$，则 ____ $\leqslant\iint\limits_{D}(x^2+4y^2+9)\mathrm{d}\sigma\leqslant$ ________.

7.1.2 直角坐标系下二重积分的计算

7.1.2.1 填空题

1. 将二重积分 $\iint\limits_{D}f(x,\ y)\mathrm{d}x\mathrm{d}y$ 化为在直角坐标系下的两种不同积分次序的二次积分：

(1) D 是由直线 $y=x$ 及抛物线 $y^2=4x$ 所围成的闭区域,则

$\iint\limits_D f(x, y)\mathrm{d}x\mathrm{d}y=$ ________________ $=$ ________________.

(2) D 是由直线 $y=x$, $x=2$ 及双曲线 $y=\dfrac{1}{x}(x>0)$ 所围成的闭区域,则

$\iint\limits_D f(x, y)\mathrm{d}x\mathrm{d}y=$ ________________ $=$ ________________.

2. 改变下列二次积分的次序:

(1) $\int_0^1 \mathrm{d}x\int_0^x f(x, y)\mathrm{d}y=$ ________________.

(2) $\int_0^2 \mathrm{d}y\int_{y^2}^{2y} f(x, y)\mathrm{d}x=$ ________________.

(3) $\int_1^{\mathrm{e}} \mathrm{d}x\int_0^{\ln x} f(x, y)\mathrm{d}y=$ ________________.

7.1.2.2　计算题

1. $\iint\limits_D xy^2\mathrm{d}\sigma$,其中 D 是由圆周 $x^2+y^2=4$ 及 y 轴所围成的右半闭区域.

2. $\iint\limits_D (x^2+y^2-x)\mathrm{d}\sigma$,其中 D 是由直线 $y=2$, $y=x$ 及 $y=2x$ 所围成的闭区域.

3. $\iint\limits_{D} xy\mathrm{d}x\mathrm{d}y$,其中 D 是由直线 $y=1$, $x=2$ 及 $y=x$ 所围成的闭区域.

4. $\iint\limits_{D} x\cos(x+y)\mathrm{d}x\mathrm{d}y$,其中 D 是顶点分别为 $(0, 0)$, $(\pi, 0)$ 和 (π, π) 的三角形闭区域.

7.1.3　极坐标系下二重积分的计算

7.1.3.1　填空题

1. 将二重积分$\iint\limits_D f(x,\ y)\mathrm{d}x\mathrm{d}y$化为极坐标形式的二次积分：

(1) 若 D 为 $x^2+y^2\leqslant 2$，则$\iint\limits_D f(x,\ y)\mathrm{d}x\mathrm{d}y=$ ____________________；

(2) 若 D 为 $x^2+y^2\leqslant 2x$，则$\iint\limits_D f(x,\ y)\mathrm{d}x\mathrm{d}y=$ ____________________；

(3) 若 D 为 $0\leqslant y\leqslant 1-x, 0\leqslant x\leqslant 1$，则$\iint\limits_D f(x,\ y)\mathrm{d}x\mathrm{d}y=$ ______________.

2. 将下列二次积分转化为极坐标形式的二次积分：

(1) $\int_0^1\mathrm{d}x\int_0^1 f(x,\ y)\mathrm{d}y=$ ______________________________；

(2) $\int_0^2\mathrm{d}x\int_x^{\sqrt{3}x} f(\sqrt{x^2+y^2})\mathrm{d}y=$ ____________________；

(3) $\int_0^1\mathrm{d}x\int_{1-x}^{\sqrt{1-x^2}} f(x,\ y)\mathrm{d}y=$ ____________________.

7.1.3.2　计算题

1. $\iint\limits_D \mathrm{e}^{x^2+y^2}\mathrm{d}\sigma$，其中 D 是由圆周 $x^2+y^2=4$ 所围成的闭区域.

2. $\iint\limits_D \arctan\dfrac{y}{x}\mathrm{d}\sigma$，其中 D 是由圆周 $x^2+y^2=4$，$x^2+y^2=1$ 及直线 $y=0$，$y=x$ 所围成的第一象限内的闭区域.

7.1.4 二重积分应用举例

7.1.4.1 应用题

1. 求球面 $x^2+y^2+z^2=a^2$ 含在圆柱面 $x^2+y^2=ax$ 内部的那部分面积.

2. 计算曲面 $z=x^2+2y^2$ 与 $z=6-2x^2-y^2$ 所围成的立体的体积.

7.1.4.2　计算题

一匀质薄板 D 为半椭圆形状，如图 7-1 所示，求它的质心.

图 7-1

7.2 三重积分的概念、计算和应用

7.2.1 填空题

1. 化$\iiint\limits_{\Omega} f(x, y, z)\mathrm{d}x\mathrm{d}y\mathrm{d}z$为直角坐标系下的三次积分,若$\Omega$是由曲面$z = x^2 + y^2$及平面$z = 1$所围成的闭区域,则$\iiint\limits_{\Omega} f(x, y, z)\mathrm{d}x\mathrm{d}y\mathrm{d}z =$ ________________.

2. 化$\iiint\limits_{\Omega} f(x, y, z)\mathrm{d}v$为柱面坐标系下的三次积分,若$\Omega$是由$x^2 + y^2 = z$及$z = \sqrt{2 - x^2 - y^2}$所围成的闭区域,则$\iiint\limits_{\Omega} z\mathrm{d}v =$ ____________.

3. 设$\Omega = \{(x, y, z) \mid x^2 + y^2 + z^2 \leqslant 1\}$,则$\iiint\limits_{\Omega} \mathrm{d}x\mathrm{d}y\mathrm{d}z =$ ____________.

7.2.2 计算题

1. $\iiint\limits_{\Omega} xyz\,\mathrm{d}x\mathrm{d}y\mathrm{d}z$,其中$\Omega$是由球面$x^2 + y^2 + z^2 = 1$及三个坐标面所围成的在第一卦限内的闭区域.

2. $\iiint\limits_{\Omega} xz\,\mathrm{d}x\mathrm{d}y\mathrm{d}z$,其中$\Omega$是由平面$z = 0$, $z = y$, $y = 1$以及抛物柱面$y = x^2$所围成的闭区域.

3. $\iiint\limits_{\Omega} z\mathrm{d}v$，其中 Ω 是由 $z=\sqrt{2-x^2-y^2}$ 与 $z=x^2+y^2$ 所围成的闭区域.

4. $\iiint\limits_{\Omega} xy\mathrm{d}v$，其中 Ω 由圆柱面 $x^2+y^2=1$，平面 $z=1$ 以及三个坐标面围成的在第一卦限内的闭区域.

7.2.3　利用三重积分计算下列由曲面所围成的立体的体积

1. $z=6-x^2-y^2$ 及 $z=\sqrt{x^2+y^2}$.

2. $z=\sqrt{5-x^2-y^2}$ 及 $x^2+y^2=4z$.

7.3 对弧长的曲线积分与对坐标的曲线积分

7.3.1 对弧长的曲线积分

7.3.1.1 填空题

1. 设曲线 L 是分段光滑的,且 $L=L_1+L_2$,$\int_{L_1} f(x,\ y)\mathrm{d}s=4$,$\int_{L_2} f(x,\ y)\mathrm{d}s=5$,则 $\int_L f(x,\ y)\mathrm{d}s=$ ________.

2. 设曲线 L 为 $x^2+y^2=1$ 上点(1, 0) 到(−1, 0) 的上半弧段,则 $\int_L 2\mathrm{d}s=$ ________.

3. $\int_L (x+y)\mathrm{d}s=$ ________,其中 L 为连接(1, 0) 和(0, 1) 两点的直线段.

4. $\int_C \frac{z}{x^2+y^2}\mathrm{d}s=$ ________,其中 C 是曲线 $\begin{cases} x=2\cos t, \\ y=2\sin t, \\ z=t. \end{cases}$ 介于 $t=0$ 到 $t=\pi$ 的一段弧.

7.3.1.2 选择题

1. $\oint_L (x^2+y^2)\mathrm{d}s=($　　$)$,其中 L 为圆周 $x^2+y^2=1$.

(A) $\int_{2\pi}^{0} \mathrm{d}\theta$　　(B) $\int_{0}^{2\pi} \mathrm{d}\theta$　　(C) $\int_{0}^{2\pi} r^2\mathrm{d}\theta$　　(D) $\int_{0}^{2\pi} \sqrt{2}\,\mathrm{d}\theta$

2. $\int_L x\mathrm{d}s=($　　$)$,L 为抛物线 $y=x^2$ 上 $0\leqslant x\leqslant 1$ 的弧段.

(A) $\int_0^1 x\sqrt{1+4x^2}\,\mathrm{d}x$　　(B) $\int_0^1 x\sqrt{1+2x^2}\,\mathrm{d}x$

(C) $\int_0^1 \sqrt{1+4y}\,\mathrm{d}y$　　(D) $\int_0^1 x\sqrt{1+4x^2}\,\mathrm{d}y$

7.3.1.3 计算题

1. $\int_L xy\mathrm{d}s$,其中 L 为上半圆 $x^2+y^2=2x(y\geqslant 0)$ 从点(0, 0) 到点(2, 0) 的弧段.

2. 计算积分$\int_{\Gamma} xyz\,\mathrm{d}s$，$\Gamma$为连接$A(1,0,2)$与$B(2,1,-1)$的直线段.

3. 计算$\oint_{L}(x+y)\mathrm{d}s$，$L$是由$x+y=1$，$x-y=-1$与$y=0$围成的三角形区域的边界曲线.

4. 计算$\int_{L}\mathrm{e}^{\sqrt{x^2+y^2}}\,\mathrm{d}s$，其中$L$由圆周$x^2+y^2=a^2$，直线$y=x$及$x$轴在第一象限中所围图形的正向边界.

7.3.2 对坐标的曲线积分

7.3.2.1 填空题

1. 设L为曲线$y=x^2$从$A(1,1)$到$O(0,0)$的一段弧,则$\int_L x\mathrm{d}y=$ ______.

2. 已知平面曲线弧段L是圆$x^2+y^2=4$上从点$(2,0)$到点$(0,2)$的有向弧段,则$\int_L xy\mathrm{d}x=$ ______.

3. L为在xOy面内沿直线从点$(0,0)$到点$(1,1)$,则对坐标的曲线积分$\int_L P(x,y)\mathrm{d}x+Q(x,y)\mathrm{d}y$化成对弧长的曲线积分$=$ ______.

4. 空间曲线Γ的方程是$x=\cos t$,$y=\frac{1}{\sqrt{2}}\sin t$,$z=\frac{1}{\sqrt{2}}\sin t$,$(0\leqslant t\leqslant 2\pi)$,则$\int_\Gamma xyz\mathrm{d}z=$ ______.

7.3.2.2 选择题

1. 关于曲线积分,下列说法正确的是(　　).

(A) 将对弧长的曲线积分化为定积分计算,上限一定要小于下限

(B) 将对坐标的曲线积分化为定积分计算,上限一定要大于下限

(C) 当积分弧段方向改变时,对弧长的曲线积分要改变符号

(D) 当积分弧段方向改变时,对坐标的曲线积分要改变符号

2. L为抛物线$y=x^2$上从点$(0,0)$到点$(2,4)$的一段弧,则曲线积分$\int_L(x^2-y^2)\mathrm{d}x=$(　　).

(A) $-\frac{56}{15}$　　(B) $-\frac{40}{3}$

(C) $-\frac{56}{3}$　　(D) 0

3. 设L为$x=\sqrt{\cos t}$,$y=\sqrt{\sin t}$,$0\leqslant t\leqslant\frac{\pi}{2}$,方向按$t$增大的方向,则$\int_L x^2y\mathrm{d}y-xy^2\mathrm{d}x=$(　　).

(A) $\int_0^{\frac{\pi}{2}}(\cos t\sqrt{\sin t}-\sin t\cos t)\mathrm{d}t$

(B) $\int_0^{\frac{\pi}{2}}\left(\frac{\cos t\sqrt{\sin t}}{2\sqrt{\sin t}}-\frac{\sin t\sqrt{\sin t}}{2\sqrt{\cos t}}\right)\mathrm{d}t$

(C) $\frac{1}{2}\int_0^{\frac{\pi}{2}}\mathrm{d}t$

(D) $\int_0^{\frac{\pi}{2}}(\cos^2 t-\sin^2 t)\mathrm{d}t$

7.3.2.3 计算题

1. 计算$\int_L (x^2+y^2)\mathrm{d}x+(x^2-y^2)\mathrm{d}y$,其中$L$为沿曲线$y=1-|1-x|$从点$O(0,0)$到$B(2,0)$的一段.

2. $\int_\Gamma x\mathrm{d}x+y\mathrm{d}y+(x+y-1)\mathrm{d}z$,其中$\Gamma$是从点$(1,1,1)$到点$(2,3,4)$的一段直线.

3. 计算积分 $I=\int_L(x+y)\mathrm{d}x+(x-y)\mathrm{d}y$,其中 L 为

(1) 抛物线 $y^2=x$ 上从点(0, 0)到点(4, 2)的一段弧;

(2) 从点(0, 0)到点(4, 2)的直线段;

(3) 从点(0, 0)到点(4, 0)再到点(4, 2)的折线段.

4. 计算曲线积分 $\oint_L xy\mathrm{d}x$,其中 L 为圆周 $(x-a)^2+y^2=a^2(a>0)$ 及 x 轴所围成的在第一象限内的区域的整个边界(按逆时针方向绕行).

7.4　对面积的曲面积分与对坐标的曲面积分

7.4.1　对面积的曲面积分

7.4.1.1　填空题

1. $\iint\limits_{\Sigma} z\,\mathrm{d}S =$ ________，其中 Σ 是上半球面 $z=\sqrt{a^2-x^2-y^2}$.($a>0$).

2. 设曲面 Σ 为上半球面 $x^2+y^2+z^2=a^2$，则 $\iint\limits_{\Sigma}(x^2+y^2+z^2)\,\mathrm{d}S =$ ________.

7.4.1.2　选择题

设 Σ 为 $z=2-x^2-y^2$ 在 xOy 平面上方的曲面，则 $\iint\limits_{\Sigma}\mathrm{d}S =$ (　　).

(A) $\int_0^{2\pi}\mathrm{d}\theta\int_0^1\sqrt{1+4r^2}\,r\mathrm{d}r$　　(B) $\int_0^{2\pi}\mathrm{d}\theta\int_0^2\sqrt{1+4r^2}\,r\mathrm{d}r$

(C) $\int_0^{2\pi}\mathrm{d}\theta\int_0^2(2-r^2)\sqrt{1+4r^2}\,r\mathrm{d}r$　　(D) $\int_0^{2\pi}\mathrm{d}\theta\int_0^{\sqrt{2}}\sqrt{1+4r^2}\,r\mathrm{d}r$

7.4.1.3　计算题

1. 计算曲面积分 $\iint\limits_{\Sigma}(x^2+y^2)\,\mathrm{d}S$，其中 Σ 为锥面 $z=\sqrt{x^2+y^2}$ 及平面 $z=1$ 所围成的区域的整个边界曲面.

2. 计算曲面积分$\iint\limits_{\Sigma}(x+y+z)\mathrm{d}S$, Σ 是上半球面 $x^2+y^2+z^2=2$ 被旋转抛物面 $z=x^2+y^2$ 截出的顶部.

3. 计算曲面积分$\iint\limits_{\Sigma}\frac{1}{z}\mathrm{d}S$,$\Sigma$ 是球面 $x^2+y^2+z^2=R^2$ 被平面 $z=h(0<h<R)$ 截出的顶部.

7.4.2 对坐标的曲面积分

7.4.2.1 选择题

1. Σ为球面$x^2+y^2+z^2=R^2$后半部分的后侧,设$D_{yz}:y^2+z^2\leqslant R^2$,则$\iint\limits_{\Sigma}xy^2z^2\mathrm{d}y\mathrm{d}z=$( ).

(A) $\iint\limits_{D_{yz}}\sqrt{R^2-z^2-y^2}\,y^2z^2\mathrm{d}y\mathrm{d}z$　　(B) $-\iint\limits_{D_{yz}}\sqrt{R^2-z^2-y^2}\,y^2z^2\mathrm{d}y\mathrm{d}z$

(C) $\iint\limits_{D_{yz}}xy^2z^2\mathrm{d}y\mathrm{d}z$　　(D) $\iint\limits_{D_{yz}}|x|y^2z^2\mathrm{d}y\mathrm{d}z$

2. 设Σ为球面$x^2+y^2+z^2=1$在第一卦限的部分的内侧,则$\iint\limits_{\Sigma}(z-1)\mathrm{d}x\mathrm{d}y=$( ).

(A) $-\dfrac{\pi}{12}$　　(B) $\dfrac{\pi}{12}$　　(C)0　　(D) $\dfrac{\pi}{6}$

7.4.2.2 判断题

1. 设Σ为球面$x^2+y^2+z^2=R^2$的外侧,$D_{xy}:x^2+y^2\leqslant R^2$,则

(1) $\iint\limits_{\Sigma}z^2\mathrm{d}x\mathrm{d}y=0$( ).

(2) $\iint\limits_{\Sigma}z\mathrm{d}x\mathrm{d}y=2\iint\limits_{D_{xy}}\sqrt{R^2-x^2-y^2}\mathrm{d}x\mathrm{d}y$( ).

(3) $\iint\limits_{\Sigma}z\mathrm{d}x\mathrm{d}y+x\mathrm{d}y\mathrm{d}z+y\mathrm{d}z\mathrm{d}x=3\iint\limits_{\Sigma}z\mathrm{d}x\mathrm{d}y$( ).

2. 设Σ是空间区域的一片可求面积的有向曲面,有不可压缩的流体(密度为常数)流过该曲面的流速是$\vec{v}$, $\vec{n}$是有向曲面Σ在点(x,y,z)处的单位法向量,则该流体流过曲面的指定侧的流量是$\iint\limits_{\Sigma}\vec{v}\cdot\vec{n}\mathrm{d}S$( ).

7.4.2.3 计算题

1. 计算$I=\iint\limits_{\Sigma}(x^2+y^2)\mathrm{d}x\mathrm{d}y$,其中$\Sigma$是圆锥面$z=\sqrt{x^2+y^2}$的一部分,$x\geqslant 0$, $y\geqslant 0$, $0\leqslant z\leqslant 1$的下侧外表面.

2. 计算$\iint\limits_{\Sigma} z^3 \mathrm{d}x\mathrm{d}y$,其中$\Sigma$为球面$x^2+y^2+z^2=R^2$的外侧.

3. $\oiint\limits_{\Sigma} xz\mathrm{d}x\mathrm{d}y + xy\mathrm{d}y\mathrm{d}z + yz\mathrm{d}z\mathrm{d}x$,其中$\Sigma$是平面$x=0$, $y=0$, $z=0$, $x+y+z=1$围成四面体的边界曲面外侧.

4. 把$\iint\limits_{\Sigma} P\mathrm{d}y\mathrm{d}z + Q\mathrm{d}z\mathrm{d}x + R\mathrm{d}x\mathrm{d}y$化为对面积的曲面积分，其中$\Sigma$是平面$x-2y+3z=6$在第二卦限部分的上侧.

7.5　格林公式、高斯公式和斯托克斯公式

7.5.1　格林公式及其应用

7.5.1.1　填空题

1. $\oint_L (6xy^2-y^3)\mathrm{d}x+(6x^2y-3xy^2)\mathrm{d}y=$ ________，其中 L 是圆周 $x^2+y^2=2x$ 的正向边界.

2. 设 L 是由 x 轴，y 轴与直线 $x+y=1$ 围成的区域的正向边界，则 $\oint_L y\mathrm{d}x-x\mathrm{d}y=$ ________.

3. 设积分 $\int_L x\varphi(y)\mathrm{d}x+x^2y\mathrm{d}y$ 与路径无关，其中 $\varphi(0)=0$，$\varphi(y)$ 有一阶连续导数，则 $\varphi(y)=$ ________，进而 $\int_{(0,1)}^{(1,2)} x\varphi(y)\mathrm{d}x+x^2y\mathrm{d}y=$ ________.

4. 设 C 为依逆时针方向沿椭圆 $\frac{x^2}{a^2}+\frac{y^2}{b^2}=1$ 的一周路径，则 $\oint_C (x+y)\mathrm{d}x-(x-y)\mathrm{d}y=$ ________.

7.5.1.2　选择题

1. 设曲线 L 是区域 D 的正向边界，则 D 的面积为(　　).

(A) $\oint_L x\mathrm{d}y-y\mathrm{d}x$　　(B) $\oint_L x\mathrm{d}y+y\mathrm{d}x$

(C) $\frac{1}{2}\oint_L x\mathrm{d}y-y\mathrm{d}x$　　(D) $\frac{1}{2}\oint_L x\mathrm{d}y+y\mathrm{d}x$

2. 下列曲线积分在整个 xOy 面上与路径无关的是(　　).

(A) $\int_{(1,1)}^{(2,3)} (x+2y)\mathrm{d}x+(x-2y)\mathrm{d}y$　　(B) $\int_{(1,2)}^{(2,4)} (x+2y)\mathrm{d}x+(3x-y)\mathrm{d}y$

(C) $\int_{(-1,-1)}^{(2,3)} \frac{1}{x}\mathrm{d}x+2y\mathrm{d}y$　　(D) $\int_{(0,1)}^{(0,3)} 2xy\mathrm{d}x+x^2\mathrm{d}y$

3. 设 L 是任意一条分段光滑的闭曲线，则 $\oint_L 2xy\mathrm{d}x+x^2\mathrm{d}y=$ (　　).

(A) π　　(B) 0　　(C) 1　　(D) 无法确定

4. 对于格林公式 $\oint_L P\mathrm{d}x+Q\mathrm{d}y=\iint_D\left(\frac{\partial Q}{\partial x}-\frac{\partial P}{\partial y}\right)\mathrm{d}x\mathrm{d}y$，下述说法正确的是(　　).

(A) L 取逆时针方向，函数 P，Q 在闭区域 D 上存在一阶偏导数且 $\frac{\partial Q}{\partial x}=\frac{\partial P}{\partial y}$

(B) L 取顺时针方向，函数 P，Q 在闭区域 D 上存在一阶偏导数且 $\frac{\partial Q}{\partial x}=\frac{\partial P}{\partial y}$

(C) L 为 D 的正向边界，函数 P，Q 在闭区域 D 上存在一阶连续偏导数

(D) L 取顺时针方向，函数 P，Q 在闭区域 D 上存在一阶连续偏导数

5. 设函数 $f(x)$ 连续($x>0$),对 $x>0$ 的任意闭曲线 C 有$\oint_C 4x^3 y\mathrm{d}x+f(x)\mathrm{d}y=0$,且 $f(1)=2$,则 $f(x)=$(　　).

(A) $4x^3+2$　　(B) x^4+1　　(C) $4x^3-2x$　　(D) $x^3+\dfrac{1}{x}$

6. 以$(x^4+4xy^3)\mathrm{d}x+(6x^2y^2-5y^4)\mathrm{d}y$ 为全微分的全体原函数是(　　).

(A) $\dfrac{1}{5}x^5+2x^2y^3-y^5+C$　　(B) $\dfrac{1}{5}x^5+3x^2y^2-y^5+C$

(C) $\dfrac{1}{5}x^5+2x^2y^3-5y^4+C$　　(D) $\dfrac{1}{5}x^5+4x^2y^3-5y^4+C$

7.5.1.3　计算题

1. 计算 $I=\int_L (x^2+2xy)\mathrm{d}x+(x^2+y^4)\mathrm{d}y$,其中 L 为由点 $O(0, 0)$ 到点 $A(1, 1)$ 的曲线 $y=\sin\dfrac{\pi}{2}x$.

2. 利用格林公式计算$\oint_L xy^2\mathrm{d}y-x^2y\mathrm{d}x$,其中 L 是圆周 $x^2+y^2=a^2$(按逆时针方向).

3. 利用格林公式计算 $I=\int_L (\mathrm{e}^x\sin y-y)\mathrm{d}x+\mathrm{e}^x\cos y\mathrm{d}y$,其中 L 是圆周 $x^2+y^2=a^2$ 上从点$(a, 0)$ 到点$(-a, 0)$ 的上半圆有向弧段.

4. 计算$\int_C (y\sin xy - y)\mathrm{d}x + x\sin xy\mathrm{d}y$,其中 C 为从点 $A(-1, 1)$ 沿抛物线 $y = x^2$ 到原点 $O(0, 0)$,再沿直线 $y = x$ 到点 $B(1, 1)$ 的曲线.

5. 利用曲线积分计算星形线 $x = a\cos^3 t, y = a\sin^3 t$ 所围成的图形的面积.

6. 求正数 a 的值,使$\int_L y^3\mathrm{d}x + (2x + y^2)\mathrm{d}y$ 的值最小,其中 L 是沿曲线 $y = a\sin x$ 自 $(0, 0)$ 至$(\pi, 0)$ 的那段弧段,求 a 的值.

7. 求全微分方程$(x + \sin y)\mathrm{d}x + (x\cos y - 2y)\mathrm{d}y = 0$ 的通解.

7.5.2 高斯公式

7.5.2.1 填空题

1. Σ是单位球面的外侧，$\oiint\limits_{\Sigma} P\mathrm{d}y\mathrm{d}z + Q\mathrm{d}z\mathrm{d}x + R\mathrm{d}x\mathrm{d}y =$ ________.

2. 设空间区域Ω是由分片光滑的闭曲面Σ围成，Σ取外侧. P, Q, R在Ω上具有一阶连续的偏导数，则$\oiint\limits_{\Sigma} P\mathrm{d}y\mathrm{d}z + Q\mathrm{d}z\mathrm{d}x + R\mathrm{d}x\mathrm{d}y = \iiint\limits_{\Omega}$ ________________ $\mathrm{d}v$.

3. 设Σ为球面$x^2 + y^2 + z^2 = R^2$的外侧，则$\oiint\limits_{\Sigma} xz^2\mathrm{d}y\mathrm{d}z + yx^2\mathrm{d}x\mathrm{d}z + zy^2\mathrm{d}x\mathrm{d}y =$ ________.

4. 设Σ为下半球面$x^2+y^2+z^2=R^2$的下侧，则$\iint\limits_{\Sigma} x\mathrm{d}y\mathrm{d}z + y\mathrm{d}z\mathrm{d}x + z\mathrm{d}x\mathrm{d}y =$ ________.

7.5.2.2 计算题

1. 计算曲面积分$\oiint\limits_{\Sigma}(x-y)\mathrm{d}x\mathrm{d}y + (y-z)x\mathrm{d}y\mathrm{d}z$，其中$\Sigma$为柱面$x^2+y^2=1$及平面$z=0$, $z=3$所围成的空间闭区域Ω的整个边界曲面的外侧.

2. 计算$\iint\limits_{\Sigma} xy^2\mathrm{d}y\mathrm{d}z + x^2y\mathrm{d}z\mathrm{d}x + z\mathrm{d}x\mathrm{d}y$，其中$\Sigma$为曲面$z = x^2+y^2$被平面$z=1$所截下的下面部分，且它的方向向下(注:坐标系的$z$轴正向是向上的).

3. 计算曲面积分$\iint\limits_{\Sigma}(y-z)\mathrm{d}y\mathrm{d}z+(z-x)\mathrm{d}z\mathrm{d}x+(x-y)\mathrm{d}x\mathrm{d}y$,其中 Σ 是锥面 $z=\sqrt{x^2+y^2}\,(0\leqslant z\leqslant h)$ 的下侧.

4. 利用高斯公式计算$\oiint\limits_{\Sigma}(x-y)\mathrm{d}x\mathrm{d}y+(y-z)x\mathrm{d}y\mathrm{d}z$. Σ 是由平面 $x=0$, $y=0$, $z=0$, $x=1$, $y=2$, $z=3$ 围成的长方体的整个边界曲面的外侧.

复习题七

一、填空题

1. 由二重积分的几何意义，计算$\iint\limits_D \mathrm{d}\sigma=$ ________，$D=\{(x, y) \mid x+y\leqslant 1, y-x\leqslant 1, y\geqslant 0\}$.

2. 已知D是由直线$x+y=1$，$x-y=1$，及$x=0$所围成的区域，则$\iint\limits_D y\mathrm{d}\sigma=$ ________.

3. 设D为闭区域$x^2+y^2\leqslant 1$，则$\iint\limits_D (4-x^2-y^2)\mathrm{d}x\mathrm{d}y=$ ________.

4. 设D是顶点分别为$(0, 0)$，$(1, 0)$，$(1, 2)$，$(0, 1)$的直角梯形，计算$\iint\limits_D xy\mathrm{d}\sigma=$ ________.

5. 设$\Omega=\{(x, y, z) \mid x^2+y^2+z^2\leqslant 1\}$，则$\iiint\limits_\Omega z\mathrm{d}x\mathrm{d}y\mathrm{d}z=$ ________.

6. $\oint_L (x^2+y^2)^n\mathrm{d}s=$ ________，L是圆周$x=a\cos t, y=a\sin t(0\leqslant t\leqslant 2\pi)$.

7. 计算曲线积分$\int_L (x^2-y^2)\mathrm{d}x=$ ________，L为抛物线$y=x^2$上从点$(0, 0)$到点$(2, 4)$的一段弧.

8. L为逆时针方向的圆周：$(x-2)^2+(y+3)^2=4$，则$\oint_L y\mathrm{d}x-x\mathrm{d}y=$ ________.

9. 设L为曲线$y=\mathrm{e}^{-x}$从$(0, 1)$到$(-1, \mathrm{e})$的弧段，则积分$\int_L (y^2-y)\mathrm{d}x+(2xy-x)\mathrm{d}y=$ ________.

10. 设Σ为球面$x^2+y^2+z^2=1$下半部分的下侧，则$\iint\limits_\Sigma (z-1)\mathrm{d}x\mathrm{d}y=$ ________.

二、选择题

1. 设D：$1\leqslant x^2+y^2\leqslant 4$，那么有$\iint\limits_D f(x, y)\mathrm{d}x\mathrm{d}y=(\quad)$.

(A) $\int_0^{2\pi}\mathrm{d}\theta\int_1^4 f(r\cos\theta, r\sin\theta)r\mathrm{d}r$

(B) $\int_0^{2\pi}\mathrm{d}\theta\int_1^4 f(r\cos\theta, r\sin\theta)\mathrm{d}r$

(C) $\int_0^{2\pi}\mathrm{d}\theta\int_1^2 f(r\cos\theta, r\sin\theta)r\mathrm{d}r$

(D) $\int_0^{2\pi}\mathrm{d}\theta\int_1^2 f(r\cos\theta, r\sin\theta)\mathrm{d}r$

2. 设D：$(x-2)^2+(y-1)^2\leqslant 1$，若$I_1=\iint\limits_D (x+y)^2\mathrm{d}\sigma$，$I_2=\iint\limits_D (x+y)^3\mathrm{d}\sigma$，则有(　　).

(A) $I_1 < I_2$ (B) $I_1 = I_2$ (C) $I_1 > I_2$ (D) 不能比较

3. 设 $f(u)$ 是连续函数,D 为 $x^2+y^2 \leqslant 1$ 且 $y>0$,则 $\iint\limits_D f(\sqrt{x^2+y^2})\mathrm{d}x\mathrm{d}y =$ ( ).

(A) $\pi\int_0^1 rf(r)\mathrm{d}r$ (B) $2\pi\int_0^1 rf(r)\mathrm{d}r$ (C) $\pi\int_0^1 f(r)\mathrm{d}r$ (D) $2\pi\int_0^1 f(r)\mathrm{d}r$

4. 交换积分 $\int_0^a \mathrm{d}y\int_0^y f(x, y)\mathrm{d}x$($a$ 为常数)的次序后得( ).

(A) $\int_0^y \mathrm{d}x\int_0^a f(x, y)\mathrm{d}y$ (B) $\int_0^a \mathrm{d}x\int_x^a f(x, y)\mathrm{d}y$

(C) $\int_0^a \mathrm{d}x\int_0^x f(x, y)\mathrm{d}y$ (D) $\int_0^a \mathrm{d}x\int_0^y f(x, y)\mathrm{d}y$

5. 设 $\Omega: x^2+y^2+z^2 \leqslant R^2$,则 $\iiint\limits_\Omega (x^2+y^2)\mathrm{d}x\mathrm{d}y\mathrm{d}z =$ ( ).

(A) $\frac{8}{3}\pi R^5$ (B) $\frac{4}{3}\pi R^5$ (C) $\frac{8}{15}\pi R^5$ (D) $\frac{16}{15}\pi R^5$

6. 设 $f(x, y)$ 是连续函数,$L: y=-\sqrt{a^2-x^2}\ (a>0)$,则曲线积分 $\int_L f(x,y)\mathrm{d}s =$ ( ).

(A) $\int_0^\pi f(a\cos t, a\sin t)\mathrm{d}t$ (B) $\int_0^\pi f(a\cos t, a\sin t)a\mathrm{d}t$

(C) $\int_\pi^{2\pi} f(a\cos t, a\sin t)\mathrm{d}t$ (D) $\int_\pi^{2\pi} f(a\cos t, a\sin t)a\mathrm{d}t$

7. 设 L 是曲线 $y=x^3$ 与直线 $y=x$ 所围成区域的整个边界曲线,$f(x, y)$ 是连续函数,则曲线积分 $\int_L f(x, y)\mathrm{d}s =$ ( ).

(A) $\int_0^1 f(x, x^3)\mathrm{d}x + \int_0^1 f(x, x)\mathrm{d}x$

(B) $\int_0^1 f(x, x^3)\mathrm{d}x + \int_0^1 f(x, x)\sqrt{2}\,\mathrm{d}x$

(C) $\int_0^1 f(x, x^3)\sqrt{1+9x^4}\,\mathrm{d}x + \int_0^1 f(x, x)\sqrt{2}\,\mathrm{d}x$

(D) $\int_{-1}^1 f(x, x^3)\sqrt{1+9x^4}\,\mathrm{d}x + \int_{-1}^1 f(x, x)\sqrt{2}\,\mathrm{d}x$

8. C 为任意一条不通过且不包含原点的正向光滑简单闭曲线,则 $\oint_C \frac{x\mathrm{d}y - y\mathrm{d}x}{x^2+4y^2} =$ ( ).

(A) 4π (B) 0 (C) 2π (D) π

9. 设 Σ 为柱面 $x^2+y^2=1$ 的外侧被平面 $z=0$,$z=3$ 所截的第一卦限的部分,则 $\iint\limits_\Sigma z\mathrm{d}x\mathrm{d}y + y\mathrm{d}z\mathrm{d}x + x\mathrm{d}y\mathrm{d}z =$ ( ).

(A) $3\iint\limits_{D_{xy}} \sqrt{1-x^2}\,\mathrm{d}x\mathrm{d}y$ (B) $2\iint\limits_{D_{yz}} \sqrt{1-y^2}\,\mathrm{d}y\mathrm{d}z$

(C) $3\int_0^{2\pi}\mathrm{d}\theta\int_0^1 r\sqrt{1-r^2}\,\mathrm{d}r$　　　　(D) $3\int_0^{2\pi}\mathrm{d}\theta\int_0^1 r\cos\theta\mathrm{d}r$

10. 设Σ为球面$x^2+y^2+z^2=R^2$的外侧，在xOy面上的投影区域$D_{xy}:x^2+y^2\leqslant R^2$，下列等式正确的是(　　).

(A) $\iint\limits_{\Sigma}(x^2+y^2)\mathrm{d}x\mathrm{d}y=\iint\limits_{D_{xy}}(x^2+y^2)\mathrm{d}x\mathrm{d}y$

(B) $\iint\limits_{\Sigma}x^2y^2z\mathrm{d}x\mathrm{d}y=\iint\limits_{D_{xy}}x^2y^2\sqrt{R^2-x^2-y^2}\,\mathrm{d}x\mathrm{d}y$

(C) $\iint\limits_{\Sigma}z\mathrm{d}x\mathrm{d}y=2\iint\limits_{D_{xy}}\sqrt{R^2-x^2-y^2}\,\mathrm{d}x\mathrm{d}y$

(D) $\iint\limits_{\Sigma}x^2z\mathrm{d}y\mathrm{d}z+y^2x\mathrm{d}z\mathrm{d}x+z^2y\mathrm{d}x\mathrm{d}y=\iiint\limits_{\Omega}(x^2+y^2+z^2)\mathrm{d}v$

三、计算题

1. 计算二重积分$\iint\limits_{D}|x^2+y^2-4|\mathrm{d}\sigma$，其中$D:x^2+y^2\leqslant 16$.

2. 画出积分区域，改变累次积分次序$\int_0^1\mathrm{d}y\int_0^{2y}f(x,\ y)\mathrm{d}y+\int_1^3\mathrm{d}y\int_0^{3-y}f(x,\ y)\mathrm{d}x$.

3. 交换积分次序并计算 $I=\int_0^1 dx\int_x^1 \sin y^2 dy$ 的值.

4. $\iint\limits_D \ln(1+x^2+y^2)d\sigma$,其中 D 是由圆周 $x^2+y^2=1$ 及坐标轴所围成的在第一象限内的闭区域.

5. 计算三重积分 $\iiint\limits_\Omega (x^2+y^2)dv$,其中 Ω 是由曲面 $x^2+y^2=2z$,平面 $z=2$ 所围成的闭区域.

6. $\int_L \sqrt{y}\,ds$，其中 L 是抛物线 $y = x^2$ 上自点 $(0, 0)$ 到点 $(1, 1)$ 的一段弧.

7. $\int_\Gamma x^2 yz\,ds$，其中 Γ 为折线 $ABCD$，这里 A, B, C, D 依次为点 $(0, 0, 0)$，$(0, 0, 2)$，$(1, 0, 2)$，$(1, 3, 2)$.

8. 设 L 为圆周：$x^2 + y^2 = ax\ (a > 0)$，计算曲线积分 $\oint_L \sqrt{x^2 + y^2}\,ds$.

9. $\int_{\Gamma} z \mathrm{d}s$,其中 Γ 为曲线 $x = t\cos t, y = t\sin t, z = t(0 \leqslant t \leqslant 4)$.

10. 计算$\oint_{L} \frac{(x+y)\mathrm{d}x-(x-y)\mathrm{d}y}{x^2+y^2}$,其中 L 为圆周 $x^2+y^2=a^2$ 的逆时针方向.

11. 计算 $I=\int_{L}(1+ye^x)\mathrm{d}x+(x+e^x)\mathrm{d}y$,其中 L 为沿曲线 $y=1-x^2$ 从点 $A(1, 0)$ 到点 $B(\quad 1, 0)$ 的弧段.

12. 计算$\iint\limits_{\Sigma}(x+y+z)\mathrm{d}S$，其中 Σ 是球面 $x^2+y^2+z^2=a^2$ 上 $z\geqslant h(0\leqslant h\leqslant a)$ 的部分.

13. $\iint\limits_{\Sigma}(x^2-yz)\mathrm{d}y\mathrm{d}z+(y^2-zx)\mathrm{d}z\mathrm{d}x+2z\mathrm{d}x\mathrm{d}y$，其中 Σ 为锥面 $z=1-\sqrt{x^2+y^2}$ $(z\geqslant 0)$ 的上侧.

14. 设 Σ 为 $z = 2 - \sqrt{x^2 + y^2}\ (0 \leqslant z \leqslant 2)$ 上侧,计算曲面积分 $\iint\limits_{\Sigma} x^2 \mathrm{d}y\mathrm{d}z + z\mathrm{d}x\mathrm{d}y$.

15. 计算由四个平面 $x = 0$, $y = 0$, $x = 1$, $y = 1$ 所围成的柱体被 $z = 0$ 及 $2x + 3y + z = 6$ 截得的立体的体积.

第 8 章

无穷级数

8.1 常数项级数的概念及性质

8.1.1 填空题

1. 级数$\sum_{n=1}^{\infty}\frac{n!}{n^n}$的前五项为________________.

2. 级数$\frac{2}{1}-\frac{3}{2}+\frac{4}{3}-\frac{5}{4}+\cdots$的一般项为____________.

3. 级数$\sum_{n=1}^{\infty}\frac{2^n}{3^n}$收敛,其和为________.

4. 级数$\sum_{n=1}^{\infty}\left(\frac{1}{2^n}+\frac{1}{3^n}\right)$收敛,其和为________.

5. 设$\sum_{n=1}^{\infty}u_n$收敛,且$u_n\neq 0$,则级数$\sum_{n=1}^{\infty}(u_n+10)$________;级数$\sum_{n=1}^{\infty}u_{n+10}$________;级数$\sum_{n=1}^{\infty}\frac{1}{u_n}$________;级数$\sum_{n=1}^{\infty}\left(u_n+\frac{1}{2^n}\right)$________(填收敛或发散).

8.1.2 判定下列级数的收敛性

1. $\sum_{n=1}^{\infty}(\sqrt{n+1}-\sqrt{n})$.

2. $\frac{1}{1\cdot 3}+\frac{1}{3\cdot 5}+\frac{1}{5\cdot 7}+\cdots+\frac{1}{(2n-1)(2n+1)}+\cdots$.

3. $-\frac{8}{9}+\frac{8^2}{9^2}-\frac{8^3}{9^3}+\cdots+(-1)^n\frac{8^n}{9^n}+\cdots$.

4. $\frac{1}{3}+\frac{1}{6}+\frac{1}{9}+\cdots+\frac{1}{3n}+\cdots$.

5. $\frac{1}{3}+\frac{1}{\sqrt{3}}+\frac{1}{\sqrt[3]{3}}+\cdots+\frac{1}{\sqrt[n]{3}}+\cdots$.

6. $\sqrt{\frac{1}{2}}+\sqrt{\frac{2}{3}}+\cdots+\sqrt{\frac{n}{n+1}}+\cdots+$.

8.2 常数项级数的审敛准则

8.2.1 用比较审敛法判断下列级数的敛散性

1. $1+\frac{1}{3}+\frac{1}{5}+\cdots+\frac{1}{2n-1}+\cdots$.

2. $\sum_{n=1}^{\infty}\frac{1}{(n+1)(n+4)}$.

3. $\sum_{n=1}^{\infty}\sin\frac{\pi}{2^n}$.

4. $\sum_{n=1}^{\infty}\ln\left(1+\frac{1}{n}\right)$.

5. $\sum_{n=1}^{\infty}\left(e^{\frac{1}{n^2}}-1\right)$.

8.2.2 用比值审敛法判断下列正项级数的敛散性

1. $\sum_{n=1}^{\infty}\frac{3^n}{n2^n}$.

2. $\sum_{n=1}^{\infty}\frac{n^2}{3^n}$.

3. $\sum_{n=1}^{\infty}\frac{2^n n!}{n^n}$.

4. $\sum_{n=1}^{\infty}\frac{3^n n!}{n^n}$.

5. $\sum\limits_{n=1}^{\infty} \dfrac{n!}{10^n}$.

6. $\sum\limits_{n=1}^{\infty} n\tan\dfrac{\pi}{2^n}$.

8.2.3 判断下列交错级数是否收敛,若收敛,是条件收敛还是绝对收敛

1. $\sum\limits_{n=0}^{\infty} \dfrac{(-1)^n}{\sqrt{n+1}}$.

2. $\sum\limits_{n=1}^{\infty} (-1)^{n-1} \dfrac{n}{3^{n-1}}$.

3. $\sum\limits_{n=1}^{\infty} \dfrac{(-1)^{n-1}}{\pi^n}\sin\dfrac{\pi}{n}$.

4. $\sum\limits_{n=1}^{\infty} \dfrac{(-1)^{n+1}}{n^p}(p>0)$.

8.2.4 判定下列任意项级数的敛散性

1. $\sum\limits_{n=1}^{\infty} (-1)^n n\left(\dfrac{3}{4}\right)^n$.

2. $\sum\limits_{n=1}^{\infty} (-1)^n \dfrac{n^4}{n!}$.

3. $\sum\limits_{n=1}^{\infty} \dfrac{n+1}{n(n+2)}$.

4. $\sum\limits_{n=1}^{\infty} 3^n\sin\dfrac{\pi}{2^n}$.

5. $\sum\limits_{n=1}^{\infty} (-1)^n \dfrac{n}{10n+1}$.

6. $\sum\limits_{n=1}^{\infty} (-1)^{n+1} \dfrac{\ln n}{n}$.

8.3 幂级数的收敛及函数的展开式

8.3.1 幂级数及其收敛性

8.3.1.1 求下列幂级数的收敛域

1. $1-x+\frac{x^2}{2^2}+\cdots+(-1)^n\frac{x^n}{n^2}+\cdots$.

2. $\sum_{n=1}^{\infty}\frac{x^n}{n^n}$.

3. $\sum_{n=1}^{\infty}(-nx)^n$.

4. $\sum_{n=1}^{\infty}\frac{x^n}{n3^n}$.

5. $\sum_{n=1}^{\infty}(-1)^{n-1}\frac{x^n}{n}$.

6. $\sum_{n=1}^{\infty}\frac{(x-5)^n}{\sqrt{n}}$.

7. $\sum_{n=0}^{\infty}\frac{x^{2n+1}}{2n+1}$.

8.3.1.2 利用逐项求导或逐项积分,求下列级数的和函数

1. $\sum_{n=1}^{\infty} nx^{n-1}$.

2. $\sum_{n=0}^{\infty} \frac{x^{2n+1}}{2n+1}$.

3. $\sum_{n=1}^{\infty} nx^{n}$.

4. $\sum_{n=1}^{\infty} (2n+1)x^{n}$.

8.3.2 函数展开成幂级数

8.3.2.1 计算题

若 $f(x)$ 在点 $x=0$ 处可展开成幂级数，则 $f(x)$ 的麦克劳林展开式为：______________________________.

8.3.2.2 写出下列函数的麦克劳林展开式

1. $e^x=$

2. $\sin x=$

3. $\dfrac{1}{1+x}=$

8.3.2.3 利用上题结论将下列函数展开成幂级数

1. $f(x)=\dfrac{1}{1+x^2}$.

2. $f(x)=\dfrac{e^x-e^{-x}}{2}$.

3. $f(x)=\sin^2\dfrac{x}{2}$.

4. $f(x)=\ln(1+x)$.

5. $f(x)=\arctan x$.

6. $f(x)=\dfrac{x}{4+x^2}$.

7. 将函数 $f(x)=\cos x$ 展开成$\left(x+\frac{\pi}{3}\right)$的幂级数.

8. 将函数 $f(x)=\frac{1}{x}$ 展开成$(x-3)$的幂级数.

8.4　傅里叶级数

8.4.1　周期为 2π 的函数的傅里叶级数

8.4.1.1　选择题

1. 设 $f(x)=\begin{cases}-x, & |x|\leqslant\dfrac{\pi}{2},\\ x, & -\pi<x<-\dfrac{\pi}{2}\text{ 或 }\dfrac{\pi}{2}<x<\pi.\end{cases}$ $S(x)$ 是 $f(x)$ 的傅里叶级数的和函数，则 $S\left(\dfrac{\pi}{2}\right)=$ (　　).

(A) $\dfrac{\pi}{2}$　　(B) $-\dfrac{\pi}{2}$　　(C) 0　　(D) π

2. 设 $f(x)=\begin{cases}x, & -\pi\leqslant x<0,\\ 0, & 0\leqslant x<\pi.\end{cases}$ 是周期为 2π 的函数在 $[-\pi,\pi)$ 上的表达式，$S(x)$ 是 $f(x)$ 的傅里叶级数的和函数，则 $S(\pi)=$ (　　).

(A) π　　(B) 0　　(C) $\dfrac{\pi}{2}$　　(D) $-\dfrac{\pi}{2}$

3. 将函数 $f(x)=x+1\,(0\leqslant x\leqslant\pi)$ 展成以 2π 为周期的余弦级数时，傅里叶系数 $a_0=$ (　　).

(A) 0　　(B) $\pi+2$　　(C) $\dfrac{2}{\pi}$　　(D) $-\dfrac{2}{\pi}$

8.4.1.2　解答题

下列周期函数 $f(x)$ 的周期为 2π，试将 $f(x)$ 展开成傅里叶级数，如果 $f(x)$ 在 $[-\pi,\pi)$ 上的表达式为：

1. $f(x)=3x^2+1,(-\pi\leqslant x<\pi)$.

2. $f(x)=\begin{cases} bx, & -\pi \leqslant x < 0, \\ ax, & 0 \leqslant x < \pi. \end{cases}$ (a, b 为常数，且 $a > b > 0$).

3. $f(x) = x^2, (-\pi \leqslant x \leqslant \pi)$.

8.4.2　一般周期函数的傅里叶级数

8.4.2.1　解答题

1. 将下列各周期函数展开成傅里叶级数(下面给出函数在一个周期内的表达式)：

(1) $f(x)=1-x^2\left(-\frac{1}{2}\leqslant x<\frac{1}{2}\right)$；

(2) $f(x)=\begin{cases} x, & -1\leqslant x<0, \\ 1, & 0\leqslant x<\frac{1}{2}, \\ -1, & \frac{1}{2}\leqslant x<1. \end{cases}$

2. 将 $f(x)=x^2(0\leqslant x\leqslant 2)$ 分别展开成正弦级数和余弦级数.

复习题八

一、选择题

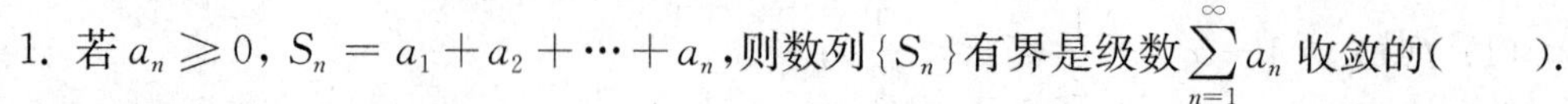

1. 若 $a_n \geqslant 0$, $S_n = a_1 + a_2 + \cdots + a_n$,则数列 $\{S_n\}$ 有界是级数 $\sum_{n=1}^{\infty} a_n$ 收敛的(　　).

(A) 充分,但非必要条件　　(B) 必要,但非充分条件

(C) 充分必要条件　　(D) 既非充分条件也非必要条件

2. 若级数 $\sum_{n=1}^{\infty} \frac{1}{n^{p+1}}$ 发散,则(　　).

(A) $p \leqslant 0$　　(B) $p > 0$　　(C) $p \leqslant 1$　　(D) $p < 1$

3. 级数 $\sum_{n=1}^{\infty} (x-2)^n$ 的收敛区间是(　　).

(A) $(-2, 2)$　　(B) $(-\infty, +\infty)$　　(C) $[-2, 2]$　　(D) $(1, 3)$.

4. 设正项级数 $\sum_{n=1}^{\infty} u_n$ 收敛,则下列级数中,一定收敛的是(　　).

(A) $\sum_{n=1}^{\infty} (u_n + a)(0 \leqslant a < 1)$　　(B) $\sum_{n=1}^{\infty} \sqrt{u_n}$

(C) $\sum_{n=1}^{\infty} \frac{1}{u_n}$　　(D) $\sum_{n=1}^{\infty} (-1)^n u_n$

5. 设 $f(x) = \begin{cases} 1, & 0 \leqslant x \leqslant \pi, \\ 2, & -\pi \leqslant x < 0. \end{cases}$ $S(x)$是$f(x)$的傅里叶级数的和函数,则 $S(0) =$ (　　).

(A) 1　　(B) $\frac{3}{2}$　　(C) 0　　(D) 2

6. 函数 $f(x) = \frac{1}{1-x}$ 展开成为 x 的幂级数是(　　).

(A) $\sum_{n=0}^{\infty} (-1)^n x^n$　　(B) $\sum_{n=0}^{\infty} \frac{x^n}{n!}$

(C) $\sum_{n=0}^{\infty} x^n$　　(D) $\sum_{n=0}^{\infty} (-1)^n \frac{x^{2n}}{2n!}$

二、填空题

1. 对级数 $\sum_{n=1}^{\infty} u_n$ 而言,$\lim\limits_{n\to\infty} u_n = 0$是其收敛的________条件,而非________条件.(填“充分”,“必要”,“充要”等)

2. 幂级数 $\sum_{n=1}^{\infty} (n+1)x^n$ 的收敛半径为________.

3. 若级数 $\sum_{n=1}^{\infty} u_n$ 绝对收敛,则级数 $\sum_{n=1}^{\infty} u_n$ 必定________.

4. $\sum_{n=0}^{\infty} \frac{x^n}{n!}$ 的和函数为________,$\sum_{n=0}^{\infty} \frac{1}{2^n n!} =$ ________.

三、解答题

1. 判定下列级数的敛散性.

(1) $\sum\limits_{n=1}^{\infty}\ln\left(1+\dfrac{1}{n^2}\right)$；

(2) $\sum\limits_{n=1}^{\infty}\dfrac{3^n n!}{n^n}$；

(3) $\sum\limits_{n=1}^{\infty}(-1)^n\dfrac{n}{n+1}$.

2. 讨论下列级数的绝对收敛性与条件收敛性.

(1) $\sum\limits_{n=1}^{\infty}(-1)^{n-1}\dfrac{n}{3^{n-1}}$；

(2) $\sum\limits_{n=1}^{\infty}(-1)^n(\sqrt{n+1}-\sqrt{n})$；

(3) $\sum\limits_{n=1}^{\infty}\dfrac{\sin nx}{n^3}$.

3. 计算题

(1) 求幂级数$\sum_{n=1}^{\infty}\frac{x^n}{n}$的收敛域及和函数；

(2) 求$\sum_{n=1}^{\infty}\frac{nx^{n-1}}{2^n}$的收敛域；

(3) 求$\sum_{n=1}^{\infty}\frac{nx^{n-1}}{2^n}$的和函数；

(4) 求$\sum_{n=1}^{\infty}\frac{x^{2n+1}}{2n}$的收敛域;

(5) 求$\sum_{n=1}^{\infty}\frac{x^{2n+1}}{2n}$的和函数.

4. 将下列函数展开成x的幂级数.

(1) 3^x;　　　　(2) $\frac{x^2}{1+x^2}$;

(3) $\dfrac{1}{(x-1)(x-2)}$.

四、计算题

将函数 $f(x)=\begin{cases}1,\ 0\leqslant x\leqslant h,\\0,\ h<x\leqslant\pi.\end{cases}$ 分别展开成正弦级数和余弦级数.

模 拟 题 一

一、选择题(本大题共 12 个小题,每小题有四个选项,其中只有一个选项是正确的,请将你认为是正确的选项写在答题纸上. 每小题 3 分,共 36 分)

1. 已知向量 $\vec{a}=\vec{i}+3\vec{j}-2\vec{k}$, $\vec{b}=2\vec{i}+6\vec{j}+s\vec{k}$,且 $\vec{a}$ 与 $\vec{b}$ 垂直,则 $s=$(　　).

(A) 10　　(B) -1　　(C) 1　　(D) -10

2. 设有直线 $L:\begin{cases}x+3y+2z+1=0,\\2x-y-10z+3=0.\end{cases}$ 及平面 $\pi:4x-2y+z-2=0$,则直线 L(　　).

(A) 平行于 π　　(B) 在 π 上　　(C) 垂直于 π　　(D) 与 π 斜交

3. 已知二元函数 $z=x^2y^3+x^3y^2$,则 $\dfrac{\partial^2 z}{\partial x\partial y}=$(　　).

(A) $6xy^2$　　(B) $6xy^2+6x^2y$　　(C) $6x^2y$　　(D) $6xy+6x^2y^2$.

4. 函数 $z=x^3+y^3-3xy$ 的极小值点是(　　).

(A) (0, 0)　　(B) (1, 0)　　(C) (0, 1)　　(D) (1, 1)

5. 函数 $u=\ln(x^2+2y-z^2)$ 在 $M(1, 2, -2)$ 方向导数取得最大值的方向是(　　).

(A) $(1, 2, -2)$　　(B) $(1, -1, -6)$

(C) $(1, 1, 2)$　　(D) $(0, 0, 0)$

6. 设函数 $z=f(x, y)$ 由方程 $yz+x^2+z=0$ 所确定,则 $z\dfrac{\partial z}{\partial x}+2x\dfrac{\partial z}{\partial y}=$(　　).

(A) $-\dfrac{4xz}{y+1}$　　(B) 0　　(C) $2xy$　　(D) $\dfrac{4xz}{y+1}$

7. 设 $I=\int_0^2 dy\int_{\frac{y}{2}}^{y} f(x, y)dx+\int_2^4 dy\int_{\frac{y}{2}}^{2} f(x, y)dx$,交换积分次序后,$I=$(　　).

(A) $I=\int_0^2 dx\int_{\frac{y}{2}}^{y} f(x, y)dy+\int_2^4 dx\int_{\frac{y}{2}}^{2} f(x, y)dy$

(B) $I=\int_0^2 dx\int_{x}^{2x} f(x, y)dy$

(C) $I=\int_0^2 dx\int_{x}^{2x} f(x, y)dy+\int_2^4 dx\int_{\frac{x}{2}}^{2} f(x, y)dy$

(D) $I=\int_0^2 dx\int_{\frac{x}{2}}^{2x} f(x, y)dy$

8. 若 D 是以 (0, 0), (1, 0), (0, 1) 为顶点的三角形区域, 则二重积分 $\iint\limits_D 2dxdy$ $=$(　　).

(A) 0　　(B) 1　　(C) 2　　(D) 3

9. 设 $f(x)$ 有一阶连续导数，$f(0)=0$ 且积分 $\int_L (x-e^x)\sin y dx - f(x)\cos y dy$ 与路径无关，则 $f(x)=$(　　).

(A) $e^x+\frac{x^2}{2}-1$　(B) $e^x-\frac{x^2}{2}+1$　(C) $e^x-\frac{x^2}{2}-1$　(D) $\frac{x^2}{2}-e^x+1$

10. 级数 $\sum_{n=1}^{\infty}\frac{n^2}{3^n}$ 的敛散性是(　　).

(A) 收敛　(B) 发散　(C) 条件收敛　(D) 无法判断

11. 下列级数收敛的是(　　).

(A) $\sum_{n=1}^{\infty}2n$　(B) $\sum_{n=1}^{\infty}\frac{1}{n}$　(C) $\sum_{n=1}^{\infty}\frac{1}{\sqrt[3]{n}}$　(D) $\sum_{n=1}^{\infty}\frac{1}{4^n}$

12. $f(x)=\begin{cases}-1, & -\pi\leqslant x<0,\\ 1, & 0<x\leqslant\pi\end{cases}$ 它的 Fourier 展开式中的系数 a_n 等于(　　).

(A) $\frac{2}{n\pi}[1-(-1)^n]$　(B) 0　(C) $\frac{1}{n\pi}$　(D) $\frac{4}{n\pi}$

二、解答题(本大题共 8 小题，每小题 8 分，共 64 分，解题须有过程)

1. 已知点 $(-1,0,4)$ 和直线 $\frac{x+1}{1}=\frac{y-3}{1}=\frac{z}{2}$ 在同一平面上，求该平面方程.

2. 设函数 $z=xf(x^2-y^2, e^{xy})$，求 $\frac{\partial z}{\partial x}, \frac{\partial z}{\partial y}$.

3. 如图 1 所示，半径为 6 的半圆形钢板内有一个内接矩形，一边与半圆的直径 MN 重合，利用拉格朗日乘数法求该矩形的最大面积.

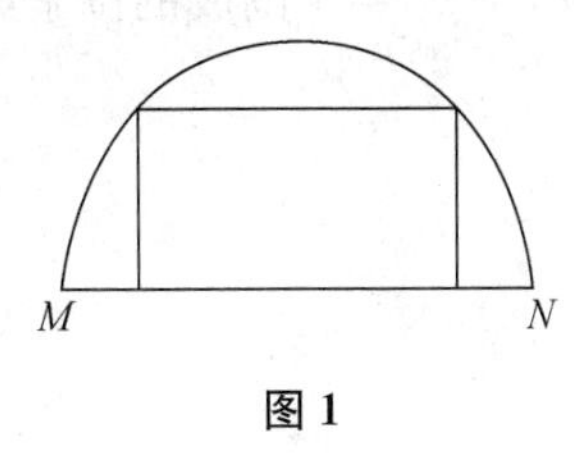

图 1

4. 计算题

(1) Γ 为连接 $A(1, 0, 2)$ 与 $B(2, 1, -1)$ 的直线段，求 Γ 所在直线的参数方程；

(2) 计算积分 $\int_{\Gamma} z\,\mathrm{d}s$.

5. 利用格林公式计算$\oint_L (y\sin xy - y)\mathrm{d}x + x\sin xy\mathrm{d}y$,其中$L$为由直线$x+y=1$和圆$x^2+y^2=1$围成的位于第一象限的闭区域的边界正向.

6. 如图 2 所示，求由抛物面$z=x^2+y^2$和圆锥面$z=2-\sqrt{x^2+y^2}$所围成的立体体积.

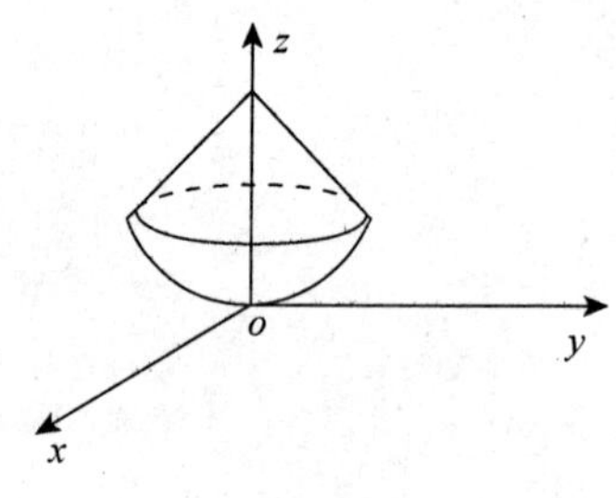

图 2

7. 利用高斯公式计算$\oiint\limits_{\Sigma}(x-y)\mathrm{d}x\mathrm{d}y+(y-z)x\mathrm{d}y\mathrm{d}z$. Σ是由平面$x=0$, $y=0$, $z=0$, $x=1$, $y=2$, $z=3$围成的长方体的整个边界曲面的外侧.

8. 对幂级数$\sum\limits_{n=1}^{\infty}\dfrac{(-1)^{n-1}}{n}x^n=x-\dfrac{x^2}{2}+\dfrac{x^3}{3}-\dfrac{x^4}{4}+\cdots$

(1) 求出其收敛域;(2) 求出其和函数.

模 拟 题 二

一、填空题(每空 3 分,共 15 分)

1. 将 yOz 坐标面上的曲线 $z^2=5y$ 绕 y 轴旋转一周,所生成的旋转曲面方程为________.

2. 直线 $\dfrac{x+2}{-2}=\dfrac{y-1}{-7}=\dfrac{z}{3}$ 和平面 $4x-2y-2z-3=0$ 的位置关系是________.

3. 设函数 $u=xz^3-yz-x-z$,则函数 u 在点 $(1,-2,1)$ 处方向导数的最大值是________.

4. $\int_L (x+y)\mathrm{d}s=$ ______,其中 L 为连接 $(1,0)$ 和 $(0,1)$ 两点的直线段.

5. $f(x)=\begin{cases}\dfrac{\pi}{4}, & -\pi\leqslant x<0\\ 0, & x=0,\\ -\dfrac{\pi}{2}, & 0<x<\pi.\end{cases}$ 由收敛定理,$f(x)$ 的傅里叶级数在 $x=0$ 收敛于________.

二、选择题(每小题 3 分,共 21 分)

1. 经过点 $(1,-1,4)$ 和直线 $\dfrac{x+1}{2}=\dfrac{y}{5}=\dfrac{1-z}{-1}$ 垂直的平面方程是( ).

(A) $2x+5y-z+7=0$ (B) $2x+5y+z-1=0$

(C) $2x+5y+z+1=0$ (D) $2x+5y-z+3=0$

2. 直线 $\begin{cases}x+2y-z=0,\\ -2x+y+z=7\end{cases}$ 的方向向量为( ).

(A) $(3,-1,5)$ (B) $(1,1,5)$ (C) $(3,1,5)$ (D) $(3,1,-3)$

3. 下列说法正确的是( ).

(A) 可微函数 $f(x,y)$ 在点 (x_0,y_0) 处达到极值,则必有 $f_x'(x_0,y_0)=f_y'(x_0,y_0)=0$

(B) 函数 $f(x,y)$ 在点 (x_0,y_0) 处达到极值,则必有 $f_x'(x_0,y_0)=f_y'(x_0,y_0)=0$

(C) 若 $f_x'(x_0,y_0)=f_y'(x_0,y_0)=0$,则函数 $f(x,y)$ 在点 (x_0,y_0) 处达到极值

(D) 若 $f_x'(x_0,y_0)$ 或 $f_y'(x_0,y_0)$ 有一个不存在,则函数 $f(x,y)$ 在点 (x_0,y_0) 处一定没有极值

4. 交换积分 $\int_0^a \mathrm{d}y\int_0^y f(x,y)\mathrm{d}x$($a$ 为常数) 的次序后得( ).

(A) $\int_0^y \mathrm{d}x\int_0^a f(x,y)\mathrm{d}y$ (B) $\int_0^a \mathrm{d}x\int_x^a f(x,y)\mathrm{d}y$

(C) $\int_0^a dx\int_0^x f(x, y)dy$ (D) $\int_0^a dx\int_0^y f(x, y)dy$

5. 如果$\lim\limits_{n\to\infty}u_n=0$,则级数$\sum\limits_{n=1}^{\infty}u_n$(　　).

(A) 一定收敛 (B) 一定不收敛

(C) 不一定收敛 (D) 以上都不对

6. 下列曲线积分在整个 xOy 面上与路径无关的是(　　).

(A) $\int_{(1,1)}^{(2,3)}(x+2y)dx+(x-2y)dy$ (B) $\int_{(1,2)}^{(2,4)}(x+2y)dx+(3x-y)dy$

(C) $\int_{(0,1)}^{(0,3)}2xydx+x^2dy$ (D) $\int_{(-1,-1)}^{(2,3)}\frac{1}{x}dx+2ydy$

7. $f(x)$ 是周期为 2π 的周期函数，它在$[-\pi, \pi)$上的表达式为 $f(x)=\begin{cases}-1, & -\pi\leqslant x<0,\\ 1, & 0\leqslant x<\pi.\end{cases}$ 将 $f(x)$ 展开为傅里叶级数,则傅里叶系数 a_1 的值为(　　).

(A) 1 (B) $\frac{1}{\pi}$ (C) -1 (D) 0

三、计算题(解题须有过程. 每题 8 分,共 64 分)

1. 设 $z=u^2\ln v$,而 $u=\frac{x}{y}$,$v=3x-2y$, 求$\frac{\partial z}{\partial x}$.

2. 求函数 $z=2x^3+y^2-6x$ 的极值.

3. 利用极坐标计算二重积分 $I=\iint\limits_{x^2+y^2\leqslant 4} e^{x^2+y^2}\,d\sigma$.

4. 求由抛物面 $z=6-x^2-y^2$ 和圆锥面 $z=\sqrt{x^2+y^2}$ 所围成的立体体积.

5. 利用格林公式求 $I=\int_L (x^2-y)dx-(x+\sin^2 y)dy$,其中 L 是圆周 $y=\sqrt{2x-x^2}$ 上从点(2, 0) 到(0, 0) 的上半圆有向弧段.

6. 利用高斯公式计算$\oiint\limits_{\Sigma} y\mathrm{d}y\mathrm{d}z + xy\mathrm{d}z\mathrm{d}x + x\mathrm{d}x\mathrm{d}y$，$\Sigma$是由平面$x=0$，$y=0$，$z=0$，$x+y+z=1$围成的空间闭区域的整个边界曲面的外侧.

7. 利用比值审敛法判断级数$\sum\limits_{n=1}^{\infty}\dfrac{3^n \cdot n!}{n^n}$的敛散性.

8. 对幂级数$\sum\limits_{n=0}^{\infty}(n+1)x^n$，

(1) 求出其收敛域；

(2) 利用逐项积分或逐项求导，求出级数的和函数.

参 考 答 案

第5章 向量与空间解析几何

习题 5.1

5.1.1 1. A, C, D, C, B, D, D.
2. $(1, 2, -3), (-1, 2, 3), (1, -2, -3), (-1, -2, 3), (-1, -2, -3)$.
3. 2, 2, 1. 4. $(3, 2, 9)$. 5. $(-1, 0, 4)$. 6. $(-2, 3, 0)$.
7. $7, -\frac{2}{7}, \frac{6}{7}, -\frac{3}{7}, \left(-\frac{2}{7}, \frac{6}{7}, -\frac{3}{7}\right)$. 8. 2. 9. $-\frac{1}{2}$.
10. -5. 11. $3, \frac{\sqrt{21}}{14}, \frac{3}{\sqrt{14}}, 5\boldsymbol{i}+\boldsymbol{j}+7\boldsymbol{k}$. 12. $\sqrt{76}$.

5.1.2 1. 错. 2. 错. 3. 错. 4. 对. 5. 对.

5.1.3 1. $|\overrightarrow{M_1M_2}| = 2$; $\cos\alpha = -\frac{1}{2}$, $\cos\beta = -\frac{\sqrt{2}}{2}$, $\cos\gamma = \frac{1}{2}$;
$\alpha = \frac{2\pi}{3}$, $\beta = \frac{3\pi}{4}$, $\gamma = \frac{\pi}{3}$.
2. $M\left(0, 0, \frac{14}{9}\right)$.
3. $13, 7\vec{j}$. 4. (1) -9; (2) $\frac{3\pi}{4}$; (3) -3.
5. $(5, -1, -7)$; $(-5, 1, 7)$. 6. $2\sqrt{26}$.
7. $e = \pm\left(\frac{3}{\sqrt{17}}, \frac{-2}{\sqrt{17}}, \frac{-2}{\sqrt{17}}\right)$. 8. 共面.

习题 5.2

5.2.1 1. $3x - 7y + 5z - 4 = 0$. 2. $x + \frac{y}{2} + \frac{z}{3} = 1$. 3. 垂直.
4. $k = 1$. 5. 4. 6. $d = 4$.
7. $\frac{\pi}{3}$. 8. $A_1A_2 + B_1B_2 + C_1C_2 = 0$, $\frac{A_1}{A_2} = \frac{B_1}{B_2} = \frac{C_1}{C_2}$.

5.2.2 1. 平行于 z 轴. 2. 经过原点. 3. 过 x 轴.

4. 平行于 xOz 平面. 5. xOy 平面. 6. 过 y 轴.

5.2.3 1. $x+z-1=0$. 2. $y-2x=0$. 3. $2x+2y-3z=0$.

4. $\arccos\frac{2}{15}$. 5. $x+y-3z-4=0$.

习题 5.3

5.3.1 1. $\frac{\pi}{4}$. 2. (1, 2, 2). 3. $\frac{x-1}{3}=\frac{y+1}{1}=\frac{z-2}{5}$.

4. $x+y-3z=4$. 5. $\frac{x-4}{2}=\frac{y+1}{1}=\frac{z-3}{5}$.

5.3.2 1. $\frac{x-1}{-2}=\frac{y+1}{1}=\frac{z-2}{0}$. $\begin{cases}x=1-2t,\\ y=-1+t,\\ z=2.\end{cases}$

2. $\frac{x-1}{4}=\frac{y}{-1}=\frac{z+2}{-3}$. 3. $\frac{x}{-1}=\frac{y+1}{2}=\frac{z-3}{1}$.

4. 直线与平面面的夹角为 0. 5. $22x-19y-18z-27=0$.

6. (1) 平行; (2) 垂直; (3) 直线在平面内; (4) 垂直.

习题 5.4

5.4.1 1. $(x-1)^2+(y-2)^2+(z-3)^2=14$. 2. $(1,-2,-1)$, $\sqrt{6}$.

3. 双曲柱面, 旋转单叶双曲面, 椭圆抛物面, 圆锥面,
旋转抛物面, 椭球面, 双曲抛物面(马鞍面).

4. 双曲线, 椭圆.

5. $4x^2-9(y^2+z^2)=36$, $4(x^2+z^2)-9y^2=36$.

6. 圆, 圆柱面. 7. $\begin{cases}2x^2+y^2-2x-8=0,\\ z=0.\end{cases}$ $\begin{cases}x+z=1,\\ y=0.\end{cases}$

5.4.2 1. 旋转椭球面,由椭圆$\frac{x^2}{4}+\frac{y^2}{9}=1$或$\frac{x^2}{4}+\frac{z^2}{9}=1$绕 x 轴.

2. 旋转单叶双曲面,双曲线 $x^2-\frac{y^2}{4}=1$ 或 $z^2-\frac{y^2}{4}=1$ 绕 y 轴.

3. 旋转抛物面,由抛物线 $z=\frac{1}{4}x^2$ 或 $z=\frac{1}{4}y^2$ 绕 z 轴.

4. 旋转双叶双曲面,双曲线$\frac{x^2}{9}-\frac{y^2}{16}=1$或$\frac{x^2}{9}-\frac{z^2}{16}=1$绕 x 轴.

5.4.3 略.

5.4.4 1. (1) 在平面解析几何中表示两条直线的交点,在空间解析几何中表示两平面的交线即空间直线;

(2) 在平面解析几何中表示椭圆与其切线的交点即切点,在空间解析几何中表示椭圆柱面与其切平面的交线即空间直线;

(3) 在平面解析几何中表示抛物线,在空间解析几何中表示母线平行于 z 轴的抛物柱面;

(4) 在平面解析几何中表示平行于 y 轴的直线,在空间解析几何中表示平行于 yOz 面的平面.

2. $3y^2 - z^2 = 16$, $3x^2 + 2z^2 = 16$.

3. xOy 面上 $\begin{cases} y^2 + 4x = 0, \\ z = 0. \end{cases}$ yOz 面上 $\begin{cases} y^2 + z^2 - 4z = 0, \\ x = 0. \end{cases}$

xOz 面上 $\begin{cases} z^2 - 4x - 4z = 0, \\ y = 0. \end{cases}$

4. (1) $\begin{cases} x = 2\cos t, \\ y = 2\cos t, \\ z = 4\sin t; \end{cases}$ $(0 \leqslant t \leqslant 2\pi)$. (2) $\begin{cases} x = 1 + \sqrt{3}\cos t, \\ y = \sqrt{3}\sin t, \\ z = 0. \end{cases}$ $(0 \leqslant t \leqslant 2\pi)$.

5. $D = \{(x, y) \mid x^2 + y^2 \leqslant 1\}$.

复习题五

一、填空题

1. $3\sqrt{3}$. 2. 3. 3. $x^2 + z^2 = 5y$. 4. $2x + 3z = 0$.

5. 1. 6. (1, 1, 2). 7. $\dfrac{\pi}{2}$. 8. $\begin{cases} y^2 + z^2 + 2y - z = 0, \\ x = 0. \end{cases}$

二、选择题

1. C. 2. D. 3. C. 4. A. 5. B.
6. D. 7. C. 8. D. 9. C. 10. B.

三、解答题

1. **解** $|\boldsymbol{a} \times \boldsymbol{b}| = |\boldsymbol{a}||\boldsymbol{b}|\sin\dfrac{\pi}{6} = 6$,

则
$$\begin{aligned} |(\boldsymbol{a} + 2\boldsymbol{b}) \times (\boldsymbol{a} - 3\boldsymbol{b})| &= |\boldsymbol{a} \times \boldsymbol{a} - 3\boldsymbol{a} \times \boldsymbol{b} + 2\boldsymbol{b} \times \boldsymbol{a} - 6\boldsymbol{b} \times \boldsymbol{b}| \\ &= |-5\boldsymbol{a} \times \boldsymbol{b}| = 30 \end{aligned}$$

所以平行四边形面积是 30.

2. **解** 设平面方程是 $Ax + By + Cz + D = 0$, 将 A, B, C 三点坐标代入,得

$$\begin{cases} A + D = 0, \\ 3C + D = 0, \\ -2A + B + C + D = 0. \end{cases}$$

解之得: $A = -D$, $B = -\dfrac{8}{3}D$, $C = -\dfrac{D}{3}$

故平面方程为 $3x + 8y + z - 3 = 0$.

提示: 也可利用直线的截距式方程和点法式方程求解.

3. **解** 所求平面的法向量 $\boldsymbol{n} = \begin{vmatrix} \boldsymbol{i} & \boldsymbol{j} & \boldsymbol{k} \\ 1 & -2 & 4 \\ 3 & 5 & -2 \end{vmatrix} = (-16\boldsymbol{i} + 14\boldsymbol{j} + 11\boldsymbol{k})$

因此所求平面方程是 $-16(x-2) + 14(y-0) + 11(z+3) = 0$

即: $16x - 14y - 11z - 65 = 0$.

4. **解**　所求直线的方向向量 $\boldsymbol{s}=\begin{vmatrix}\boldsymbol{i} & \boldsymbol{j} & \boldsymbol{k}\\ 1 & 0 & -4\\ 2 & -1 & -5\end{vmatrix}=-(4\boldsymbol{i}+3\boldsymbol{j}+\boldsymbol{k})$

因此所求直线方程是$\dfrac{x+3}{4}=\dfrac{y-2}{3}=\dfrac{z-5}{1}$.

5. **解**　设 A 点的坐标为$(-1, 0, 4)$,B 点的坐标为$(-1, 3, 0)$,

则　$\overrightarrow{AB}=(-1+1, 3-0, 0-4)=(0, 3, -4)$

设平面的法向量为 $\boldsymbol{n}$,又知已知直线的方向向量为 $\boldsymbol{s}=(1, 1, 2)$

则
$$\boldsymbol{n}=\overrightarrow{AB}\times\boldsymbol{s}=\begin{vmatrix}\boldsymbol{i} & \boldsymbol{j} & \boldsymbol{k}\\ 0 & 3 & -4\\ 1 & 1 & 2\end{vmatrix}=(10, -4, -3)$$

该平面方程是 $10x-4y-3z+22=0$.

6. **解**:(1) 设直线的方向向量 $\boldsymbol{s}=(-2, -7, 3)$,平面的法向量 $\boldsymbol{n}=(4, -2, -2)$

则 $\boldsymbol{s}\cdot\boldsymbol{n}=-8+14-6=0$, 且点$(-2, 1, 0)$ 不在平面上,故直线与平面平行;

(2) 两条直线的方向向量分别是$(3, 1, 5)$,$(-9, -3, -15)$,它们的坐标对应成比例,所以两直线相互平行;

(3) 因为直线的方向向量 $\boldsymbol{s}=(3, -5, 7)$ 与平面的法向量 $\boldsymbol{n}=(3, -5, 7)$ 相同,故直线与平面垂直.

7. **解**　设所求直线的方向向量为 $\boldsymbol{s}$,

则
$$\boldsymbol{s}=\begin{vmatrix}\boldsymbol{i} & \boldsymbol{j} & \boldsymbol{k}\\ 5 & 6 & 4\\ 4 & 2 & 3\end{vmatrix}=(10, 1, -14)$$

故所求直线方程是$\dfrac{x-2}{10}=\dfrac{y-3}{1}=\dfrac{z-4}{-14}$.

8. **解**　曲线$\begin{cases}z=6-x^2-y^2,\\ z=\sqrt{x^2+y^2}.\end{cases}$在 xOy 面上的投影曲线方程为$\begin{cases}x^2+y^2=4,\\ z=0.\end{cases}$所以立体图形在 xOy 坐标面的投影区域是$\{(x,y)\,|\,x^2+y^2\leqslant 4\}$.

第 6 章　多元函数微分学

习题 6.1

6.1.1　1. 错.　2. 错.　3. 对.　4. 对.

6.1.2　1. $\dfrac{5}{6}$, $f(1, x+y)=x+y+\dfrac{1}{x+y}$.

2. $f(x,y)=2x+y^2$.　3. $\{(x,y)\,|\,y=2x^2\}$.

6.1.3　1. $D=\{(x,y)\,|\,0\leqslant y\leqslant x^2, x\geqslant 0\}$.

2. $D=\{(x,y)\,|\,x^2+y^2<1, x^2+y^2\neq 0, 4x\geqslant y^2\}$.

3. $D=\{(x,y)\mid -1\leqslant y\leqslant 1,\ x>0,\ y\neq 0\}$.

6.1.4 1. 0. 2. 1. 3. $-\dfrac{1}{4}$. 4. -2(提示:利用等价无穷小).

习题 6.2

6.2.1 1. 错. 2. 错. 3. 对. 4. 对.

6.2.2 1. $z_x=2x\cos y,\ z_y=-x^2\sin y$.

2. $z_x=\dfrac{2x}{1+x^2-y^2},\ z_y=\dfrac{-2y}{1+x^2-y^2}$.

3. $z_x=y^2\sec^2(xy^2),\ z_y=2xy\sec^2(xy^2)$.

4. $z_x=y^2(1+xy)^{y-1},\ z_y=(1+xy)^y\left[\ln(1+xy)+\dfrac{xy}{1+xy}\right]$.

5. $z_x=e^{-x}[\cos(x+2y)-\sin(x+2y)],\ z_y=2e^{-x}\cos(x+2y)$.

6. $\dfrac{2}{5}$.

6.2.3 1. $z_{xx}=12x^2-8y^2,\ z_{yy}=12y^2-8x^2,\ z_{xy}=-16xy$.

2. $z_{xx}=\dfrac{2xy}{(x^2+y^2)^2},\ z_{yy}=-\dfrac{2xy}{(x^2+y^2)^2},\ z_{xy}=-\dfrac{x^2-y^2}{(x^2+y^2)^2}$.

6.2.4 1. $dz|_{(2,1)}=e^2dx+2e^2dy$.

2. $dz=y\ln y\,dx+x(1+\ln y)dy$.

3. $dz=e^x[\sin(2x+3y)+2\cos(2x+3y)]dx+3e^x\cos(2x+3y)dy$.

4. $dz=\dfrac{y}{x^2+y^2}dx-\dfrac{x}{x^2+y^2}dy$.

5. $du=yzx^{yz-1}dx+zx^{yz}\ln x\,dy+yx^{yz}\ln x\,dz$.

6.2.5 偏导数存在,不连续.

习题 6.3

6.3.1

6.3.1.1 1. $\dfrac{3(1-4t^2)}{\sqrt{1-(3t-4t^3)^2}}$.

2. $\dfrac{\partial z}{\partial x}=3x^2\sin y\cos y(\cos y-\sin y)$,

$\dfrac{\partial z}{\partial y}=-2x^3\sin y\cos y(\cos y+\sin y)+x^3(\sin^3 y+\cos^3 y)$.

3. $dz=[2(x+y)+3x^2y]dx+[2(x+y)+x^3]dy$.

6.3.1.2 1. $4x,\ 4y$.

2. $2x(1+2x^2\sin^4 y)e^{x^2+y^2+x^4\sin^4 y},\ 2(y+2x^4\sin^3 y\cos y)e^{x^2+y^2+x^4\sin^4 y}$.

3. $e^t(\cos t-\sin t)+\cos t$.

4. $\dfrac{\partial^2 w}{\partial x^2}=f_{11}+2yzf_{12}+y^2z^2f_{22},\ \dfrac{\partial^2 w}{\partial y\partial z}=f_{11}+x(y+z)f_{12}+x^2yzf_{22}+xf_2$.

6.3.1.3 1. $\dfrac{\partial u}{\partial x}=2xf_1+ye^{xy}f_2,\ \dfrac{\partial u}{\partial y}=-2yf_1+xe^{xy}f_2$.

2. $\dfrac{\partial u}{\partial x}=\dfrac{1}{y}f_1$, $\dfrac{\partial u}{\partial y}=-\dfrac{x}{y^2}f_1+\dfrac{1}{z}f_2$, $\dfrac{\partial u}{\partial z}=-\dfrac{y}{z^2}f_2$.

6.3.2

6.3.2.1 1. $\dfrac{x+y}{x-y}$.

2. $\dfrac{\partial z}{\partial x}=-\dfrac{F_x}{F_z}=\dfrac{yz-\sqrt{xyz}}{\sqrt{xyz}-xy}$, $\dfrac{\partial z}{\partial y}=-\dfrac{F_y}{F_z}=\dfrac{xz-2\sqrt{xyz}}{\sqrt{xyz}-xy}$.

3. $\dfrac{\partial z}{\partial x}=-\dfrac{F_x}{F_z}=\dfrac{2z(2x+y)^{z-1}}{1-(2x+y)^z\ln(2x+y)}$, $\dfrac{\partial z}{\partial y}=-\dfrac{F_y}{F_z}=\dfrac{z(2x+y)^{z-1}}{1-(2x+y)^z\ln(2x+y)}$.

6.3.2.2 1. $\begin{cases}\dfrac{dy}{dx}=\dfrac{-x(6z+1)}{2y(3z+1)},\\ \dfrac{dz}{dx}=\dfrac{x}{3z+1}.\end{cases}$

2. $\begin{cases}\dfrac{dx}{dz}=\dfrac{y-z}{x-y},\\ \dfrac{dz}{dx}=\dfrac{z-x}{x-y}.\end{cases}$

3. $\begin{cases}\dfrac{\partial u}{\partial x}=-\dfrac{xu+yv}{x^2+y^2},\\ \dfrac{\partial v}{\partial x}=\dfrac{yu-xv}{x^2+y^2}.\end{cases}$, $\begin{cases}\dfrac{\partial u}{\partial y}=\dfrac{xv-yu}{x^2+y^2},\\ \dfrac{\partial v}{\partial y}=-\dfrac{xu+yv}{x^2+y^2}.\end{cases}$

6.3.3

6.3.3.1 1. $1+2\sqrt{3}$. 2. $\dfrac{98}{13}$. 3. $\dfrac{5+3\sqrt{2}}{2}$. 4. $3\boldsymbol{i}-2\boldsymbol{j}$.

5. $6\boldsymbol{i}+3\boldsymbol{j}$. 6. $2\vec{i}-2\vec{j}-\vec{k}$, 3.

6.3.3.2 1. (1) 方向为 $\boldsymbol{n}=\dfrac{\nabla f(1,1)}{|\nabla f(1,1)|}=\dfrac{\sqrt{2}}{2}\boldsymbol{i}+\dfrac{\sqrt{2}}{2}\boldsymbol{j}$, 方向导数为 $\left.\dfrac{\partial f}{\partial \boldsymbol{n}}\right|_{(1,1)}=|\nabla f(1,1)|=2\sqrt{2}$;

(2) 方向为 $\boldsymbol{n}_1=-\boldsymbol{n}=\dfrac{\nabla f(1,1)}{|\nabla f(1,1)|}=-\dfrac{\sqrt{2}}{2}\boldsymbol{i}-\dfrac{\sqrt{2}}{2}\boldsymbol{j}$,

方向导数为 $\left.\dfrac{\partial f}{\partial \boldsymbol{n}_1}\right|_{(1,1)}=-|\nabla f(1,1)|=-2\sqrt{2}$;

(3) 方向 $\boldsymbol{n}_2=-\dfrac{\sqrt{2}}{2}\boldsymbol{i}+\dfrac{\sqrt{2}}{2}\boldsymbol{j}$ 或 $\boldsymbol{n}_3=\dfrac{\sqrt{2}}{2}\boldsymbol{i}-\dfrac{\sqrt{2}}{2}\boldsymbol{j}$.

2. $\dfrac{\sqrt{2}}{3}$.

习题 6.4

6.4.1

6.4.1.1 1. 切线方程: $\dfrac{x-1}{4}=\dfrac{y-1}{8}=\dfrac{z-\frac{1}{2}}{1}$, 法平面方程: $8x+16y+2z-25=0$.

2. 切线方程:$\frac{x-1}{2}=\frac{y-\frac{3}{2}}{0}=\frac{z-\frac{1}{2}}{-1}$,法平面方程:$4x-2z-3=0$.

3. 切线方程:$\frac{x}{1}=\frac{y}{0}=\frac{z-1}{3}$,法平面方程:$x+3z-3=0$.

4. 切线方程:$\frac{x-1}{16}=\frac{y-1}{9}=\frac{z-1}{-1}$,法平面方程:$16x+9y-z-24=0$.

6.4.2

6.4.2.1 $A=-2$, $B=-2$.

6.4.2.2 1. 切平面方程:$x+2y-4=0$, 法线方程:$\frac{x-2}{1}=\frac{y-1}{2}=\frac{z}{0}$.

2. 切平面方程:$4x+2y-z-5=0$, 法线方程:$\frac{x-2}{-4}=\frac{y-1}{-2}=\frac{z-5}{1}$.

6.4.2.3 切平面方程:$4x-4y+8z+1=0$.

6.4.3

6.4.3.1 1. *D*. 2. *D*.

6.4.3.2 函数在(0, 1)处取得极小值0.

6.4.3.3 1. 最大值为96, 最小值为−25. 2. 极小值为−1.

6.4.3.4 1. 每天生产甲产品25件,乙产品17件,取得总成本最小8 043元.

复习题六

一、填空题

1. 1. 2. $\frac{1}{5}$. 3. $\{(x,y)\mid y^2=2x\}$. 4. $\frac{5}{3}$. 5. (1, 0) (−1, 0).

二、选择题

1. A. 2. B. 3. B. 4. B. 5. C.

三、计算题

1. **解** $\lim\limits_{\substack{x\to 0\\ y\to 0}}\frac{\sqrt{xy+1}-1}{xy}=\lim\limits_{\substack{x\to 0\\ y\to 0}}\frac{xy+1-1}{xy(\sqrt{xy+1}+1)}=\lim\limits_{\substack{x\to 0\\ y\to 0}}\frac{1}{\sqrt{xy+1}+1}=\frac{1}{2}$.

2. **解** 令 $u=x^2-y^2$, $v=e^{xy}$,则 $z=f(u,v)$

$\frac{\partial z}{\partial x}=2xf_1+ye^{xy}f_2$, $\frac{\partial z}{\partial y}=-2yf_1+xe^{xy}f_2$.

3. **解** $\frac{\partial z}{\partial x}=\frac{\partial z}{\partial u}\frac{\partial u}{\partial x}+\frac{\partial z}{\partial v}\frac{\partial v}{\partial x}=2u\ln v\frac{1}{y}+\frac{3u^2}{v}=\frac{2x\ln(3x-2y)}{y^2}+\frac{3x^2}{(3x-2y)y^2}$

$\frac{\partial z}{\partial y}=\frac{\partial z}{\partial u}\frac{\partial u}{\partial y}+\frac{\partial z}{\partial v}\frac{\partial v}{\partial y}=-2u\ln v\frac{x}{y^2}-\frac{2u^2}{v}=\frac{-2x^2\ln(3x-2y)}{y^3}-\frac{2x^2}{(3x-2y)y^2}$.

4. **解** 因为 $x'_t=1$, $y'_t=2t$, $z'_t=3t^2$, 而点(1, 1, 1)所对应的参数 $t=1$, 所以 $T=(1,2,3)$ 于是切线方程为 $\frac{x-1}{1}=\frac{y-1}{2}=\frac{z-1}{3}$

法平面方程为$(x-1)+2(y-1)+3(z-1)=0$ 即 $x+2y+3z=6$.

5. **解** 方程两边分别对 x,y 求导,有 $2\cos(x+2y-3z)\left(1-3\frac{\partial z}{\partial x}\right)=1-3\frac{\partial z}{\partial x}$

$$2\cos(x+2y-3z)\left(2-3\frac{\partial z}{\partial y}\right)=2-3\frac{\partial z}{\partial y}$$

整理得$\frac{\partial z}{\partial x}+\frac{\partial z}{\partial y}=1$.

6. **解** 设椭球面上的点(x_0, y_0, z_0),则 $x_0^2+2y_0^2+z_0^2=1$.

椭球面在点(x_0, y_0, z_0)的切平面方程为 $x_0(x-x_0)+2y_0(y-y_0)+z_0(z-z_0)=0$

由平面的平行关系有$\frac{x_0}{1}=\frac{2y_0}{-1}=\frac{z_0}{2}=t$

三式联立方程组,解得 $t=\pm\sqrt{\frac{2}{11}}$.

从而所求切平面方程为 $x-y+2z=\pm\sqrt{\frac{11}{2}}$.

7. **解** 由$\begin{cases}z_x=6x^2-6=0,\\ z_y=2y=0.\end{cases}$ 得驻点 $(1, 0)$,$(-1, 0)$

对于驻点$(1, 0)$ $A=z_{xx}(1, 0)=12x|_{(1, 0)}=12$ $B=z_{xy}(1, 0)=0$ $C=z_{yy}(1, 0)=2$

$AC-B^2>0$, $A>0$ 函数在$(1, 0)$点取得极小值-4.

对于驻点$(-1, 0)$ $A=z_{xx}(-1, 0)=12x|_{(-1, 0)}=-12$ $B=z_{xy}(-1, 0)=0$

$C=z_{yy}(-1, 0)=2$ $AC-B^2<0$ 故$(-1, 0)$非极值点.

四、应用题

解 设直角三角形的两直角边分别为x,y,则在约束条件为$x^2+y^2=l^2$下求函数$C=x+y+l$ $(x>0, y>0)$的最大值.

构造拉格朗日函数 $F(x, y, \lambda)=x+y+l+\lambda(x^2+y^2-l^2)$

函数分别对 x,y,λ 求偏导,得方程组$\begin{cases}1+2\lambda x=0,\\ 1+2\lambda y=0,\\ x^2+y^2=l^2.\end{cases}$解得$\begin{cases}x=\frac{\sqrt{2}}{2}l,\\ y=\frac{\sqrt{2}}{2}l.\end{cases}$

当 $x=y=\frac{\sqrt{2}}{2}l$ 时三角形周长达到最大.

第 7 章 多元函数积分学

习题 7.1

7.1.1

7.1.1.1 1. (1) $\geqslant$; (2) $\leqslant$.

2. (1) 1; (2) 3π; (3) 1.

3. (1) 2, 8; (2) 0, π^2; (3) 0, 2; (4) 36π, 100π.

7.1.2

7.1.2.1 1. (1) $\int_0^4 dx\int_x^{\sqrt{4x}} f(x,y)dy$, $\int_0^4 dy\int_{\frac{y^2}{4}}^{y} f(x,y)dx$;

(2) $\int_1^2 dx\int_{\frac{1}{x}}^{x} f(x,y)dy$, $\int_{\frac{1}{2}}^{1} dy\int_{\frac{1}{y}}^{2} f(x,y)dx+\int_1^2 dy\int_y^2 f(x,y)dx$.

2. (1) $\int_0^1 dy\int_y^1 f(x,y)dx$; (2) $\int_0^4 dx\int_{\frac{x}{2}}^{\sqrt{x}} f(x,y)dy$; (3) $\int_0^1 dy\int_{e^y}^{e} f(x,y)dx$.

7.1.2.2 1. $\frac{64}{15}$. 2. $\frac{13}{6}$. 3. $\frac{9}{8}$. 4. $-\frac{3}{2}\pi$.

7.1.3

7.1.3.1 1. (1) $\int_0^{2\pi} d\theta\int_0^{\sqrt{2}} f(\rho\cos\theta,\rho\sin\theta)\rho d\rho$;

(2) $\int_{-\frac{\pi}{2}}^{\frac{\pi}{2}} d\theta\int_0^{2\cos\theta} f(\rho\cos\theta,\rho\sin\theta)\rho d\rho$;

(3) $\int_0^{\frac{\pi}{2}} d\theta\int_0^{\frac{1}{\sin\theta+\cos\theta}} f(\rho\cos\theta,\rho\sin\theta)\rho d\rho$.

2. (1) $\int_0^{\frac{\pi}{4}} d\theta\int_0^{\sec\theta} f(\rho\cos\theta,\rho\sin\theta)\rho d\rho+\int_{\frac{\pi}{4}}^{\frac{\pi}{2}} d\theta\int_0^{\csc\theta} f(\rho\cos\theta,\rho\sin\theta)\rho d\rho$;

(2) $\int_{\frac{\pi}{4}}^{\frac{\pi}{3}} d\theta\int_0^{2\sec\theta} f(\rho)\rho d\rho$; (3) $\int_0^{\frac{\pi}{2}} d\theta\int_{\frac{1}{\sin\theta+\cos\theta}}^{1} f(\rho\cos\theta,\rho\sin\theta)\rho d\rho$.

7.1.3.2 1. $\pi(e^4-1)$. 2. $\frac{3}{64}\pi^2$.

7.1.4

7.1.4.1 1. $2a^2(\pi-2)$. 2. 6π.

7.1.4.2 $(0,\frac{4b}{3\pi})$.

习题 7.2

7.2.1 1. $\int_{-1}^{1} dx\int_{-\sqrt{1-x^2}}^{\sqrt{1-x^2}} dy\int_{x^2+y^2}^{1} f(x,y,z)dz$.

2. $\int_0^{2\pi} d\theta\int_0^1 \rho d\rho\int_{\rho^2}^{\sqrt{2-\rho^2}} z dz$.

3. $\frac{4}{3}\pi$.

7.2.2 1. $\frac{1}{48}$. 2. 0. 3. $\frac{7}{12}\pi$. 4. $\frac{1}{8}$.

7.2.3 1. $\frac{32}{3}\pi$. 2. $\frac{2}{3}\pi(5\sqrt{5}-4)$.

习题 7.3

7.3.1

7.3.1.1 1. 9. 2. 2π. 3. $\sqrt{2}$. 4. $\frac{\sqrt{5}}{8}\pi^2$.

7.3.1.2 1. B 2. A.

7.3.1.3 1. 2. 2. $-\frac{\sqrt{11}}{12}$. 3. $\sqrt{2}$. 4. $2(e^a-1)+\frac{\pi}{4}ae^a$.

7.3.2

7.3.2.1 1. $-\frac{2}{3}$. 2. $-\frac{8}{3}$. 3. $\frac{1}{\sqrt{2}}\int_L[P(x, y)+Q(x, y)]ds$. 4. $\frac{\pi}{8\sqrt{2}}$.

7.3.2.2 1. D. 2. A. 3. C.

7.3.2.3 1. $\frac{4}{3}$. 2. 13. 3. (1) 14; (2) 14; (3) 14. 4. $-\frac{1}{2}\pi a^3$.

习题 7.4

7.4.1

7.4.1.1 1. πa^3. 2. $2\pi a^4$.

7.4.1.2 D.

7.4.1.3 1. $\frac{1+\sqrt{2}}{2}\pi$. 2. $\sqrt{2}\pi$. 3. $2\pi R\ln\frac{R}{h}$.

7.4.2

7.4.2.1 1. A. 2. B.

7.4.2.2 1. (1) 对; (2) 对; (3) 对. 2. 对.

7.4.2.3 1. $-\frac{\pi}{8}$. 2. $\frac{4}{5}\pi R^5$. 3. $\frac{1}{8}$. 4. $\frac{1}{\sqrt{14}}\iint_\Sigma(P-2Q+3R)dS$.

习题 7.5

7.5.1

7.5.1.1 1. 0. 2. -1. 3. $\varphi(y)=y^2$; 2. 4. $-2\pi ab$.

7.5.1.2 1. C. 2. D. 3. B. 4. C. 5. B. 6. A.

7.5.1.3 1. $\frac{23}{15}$. 2. $\frac{\pi}{2}a^4$. 3. $\frac{\pi}{2}a^2$. 4. $-\frac{5}{6}$. 5. $\frac{3}{8}\pi a^2$. 6. $a=1$.

7. $\frac{1}{2}x^2+x\sin y-y^2=C$.

7.5.2

7.5.2.1 1. 0. 2. $\frac{\partial P}{\partial x}+\frac{\partial Q}{\partial y}+\frac{\partial R}{\partial z}$. 3. $\frac{4}{3}\pi R^5$. 4. $2\pi R^3$.

7.5.2.2 1. $-\frac{9\pi}{2}$. 2. $-\frac{\pi}{3}$. 3. 0. 4. -3.

复习题七

一、填空题

1. 1. 2. 0. 3. $\frac{7\pi}{2}$. 4. $\frac{17}{24}$. 5. 0. 6. $2\pi a^{2n+1}$. 7. $-\frac{56}{15}$. 8. -8π.

9. $e(1-e)$. 10. $\frac{5}{3}\pi$.

二、选择题

1. C.　2. A.　3. A.　4. B.　5. C.　6. D.　7. D.　8. B.　9. B.　10. C.

三、计算题

1. 如图 1 所示，

因为被积函数$|x^2+y^2-4|$的x^2+y^2-4在积分区域内变号

故 $D_1: x^2+y^2\leqslant 4$　D_2：$4\leqslant x^2+y^2\leqslant 16$

因此

$$I=\iint\limits_{D_1}(4-x^2-y^2)\mathrm{d}\sigma+\iint\limits_{D_2}(x^2+y^2-4)\mathrm{d}\sigma$$

$$=\int_0^{2\pi}\mathrm{d}\theta\int_0^2(4-\rho^2)\rho\mathrm{d}\rho+\int_0^{2\pi}\mathrm{d}\theta\int_2^4(\rho^2-4)\rho\mathrm{d}\rho=80\pi$$

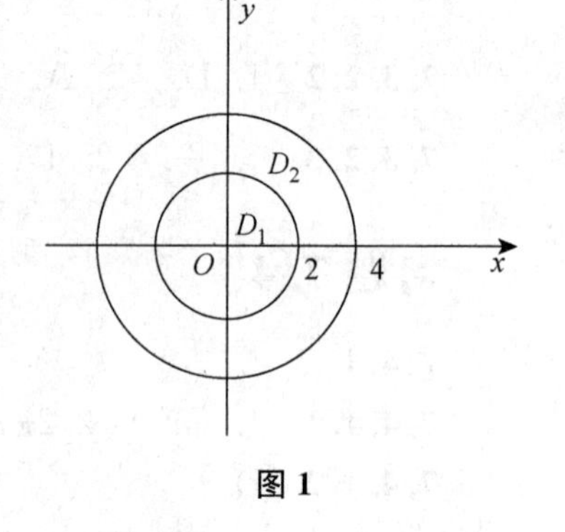

图 1

2. 积分区域如图 2 所示，

由 $x=3-y$ 与 $x=2y$ 得：$x=2$，$y=1$

$$\int_0^1\mathrm{d}y\int_0^{2y}f(x,y)\mathrm{d}x+\int_1^3\mathrm{d}y\int_0^{3-y}f(x,y)\mathrm{d}x=\int_0^2\mathrm{d}x\int_{\frac{x}{2}}^{3-x}f(x,y)\mathrm{d}y$$

3. 积分区域如图 3 所示，

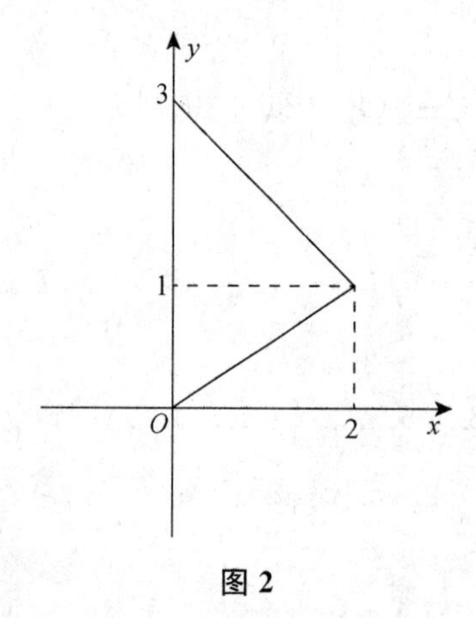

图 2

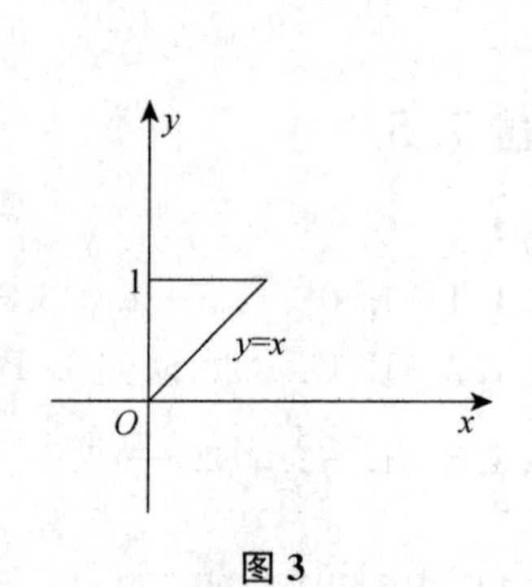

图 3

$$I=\int_0^1\mathrm{d}y\int_0^y\sin y^2\mathrm{d}x$$

$$=\int_0^1 y\sin y^2\mathrm{d}y=\frac{1}{2}\int_0^1\sin y^2\mathrm{d}y^2=\frac{1}{2}(1-\cos 1).$$

4. 积分区域 D 的极坐标表达式为

$$0\leqslant\theta\leqslant\frac{\pi}{2},0\leqslant r\leqslant 1$$

则$\iint\limits_D\ln(1+x^2+y^2)\mathrm{d}\sigma=\int_0^{\frac{\pi}{2}}\mathrm{d}\theta\int_0^1\ln(1+r^2)r\mathrm{d}r$

$$=\frac{\pi}{4}(2\ln 2-1).$$

5. 积分区域如图 4 所示，

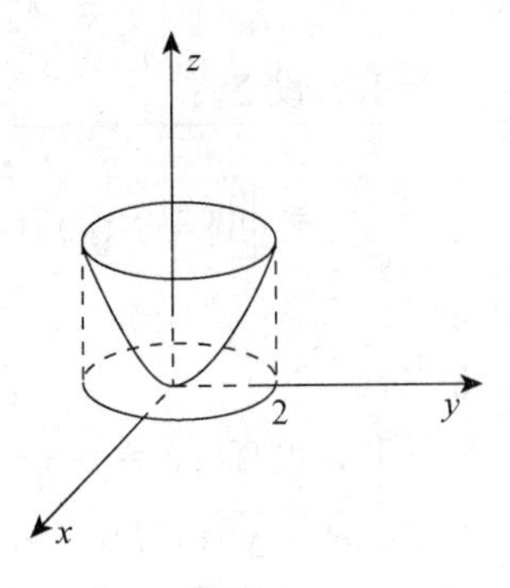

图 4

$x^2+y^2=2z$ 及 $z=2$，联立得 $x^2+y^2=4$，

故 Ω 在 xOy 面上的投影区域 D 为 $x^2+y^2\leqslant 4$

$\therefore \iiint\limits_{\Omega}(x^2+y^2)\mathrm{d}v=\int_0^{2\pi}\mathrm{d}\theta\int_0^2\rho^3\mathrm{d}\rho\int_{\frac{\rho^2}{2}}^2\mathrm{d}z=\frac{16}{3}\pi$

6. $\int_0^1 x\sqrt{1+4x^2}\,\mathrm{d}x=\frac{1}{12}(1+4x^2)^{\frac{3}{2}}\Big|_0^1=\frac{5\sqrt{5}-1}{12}$.

7. 线段 AB 段：$x=0$，$y=0$，$z:0\to 2$；

线段 BC 段：$y=0$，$z=2$，$x:0\to 1$；

线段 CD 段：$x=1$，$z=2$，$y:0\to 3$.

$\int_{\Gamma}x^2yz\,\mathrm{d}s=\int_{AB}+\int_{BC}+\int_{CD}=0+0+\int_0^3 1^2\cdot y\cdot 2\cdot$

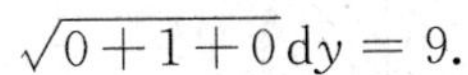
$\sqrt{0+1+0}\,\mathrm{d}y=9$.

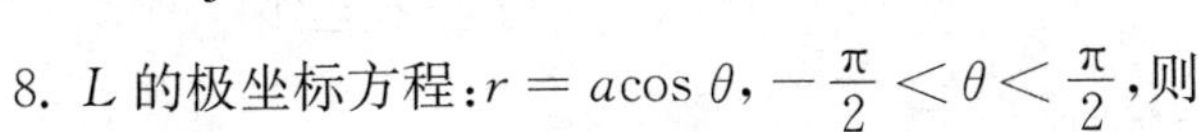
8. L 的极坐标方程：$r=a\cos\theta$，$-\frac{\pi}{2}<\theta<\frac{\pi}{2}$，则

$\oint_L\sqrt{x^2+y^2}\,\mathrm{d}s=\int_{-\frac{\pi}{2}}^{\frac{\pi}{2}}r(\theta)\sqrt{r^2(\theta)+r'^2(\theta)}\,\mathrm{d}\theta=\int_{-\frac{\pi}{2}}^{\frac{\pi}{2}}a\cos\theta\sqrt{(a\cos\theta)^2+(-a\sin\theta)^2}\,\mathrm{d}\theta=$

$=a^2\int_{-\frac{\pi}{2}}^{\frac{\pi}{2}}\cos\theta\mathrm{d}\,\theta=2a^2$.

9. $\sqrt{x'^2+y'^2+z'^2}=\sqrt{(\cos t-t\sin t)^2+(\sin t+t\cos t)^2+1}=\sqrt{t^2+2}$

$\int_{\Gamma}z\,\mathrm{d}s=\int_0^4 t\sqrt{t^2+2}\,\mathrm{d}t=\frac{52}{3}\sqrt{2}$.

10. L：$x=a\cos t, y=a\sin t, t:0\to 2\pi$

$\oint_L\frac{(x+y)\mathrm{d}x-(x-y)\mathrm{d}y}{x^2+y^2}$

$=\int_0^{2\pi}\frac{(a\cos t+a\sin t)(-a\sin t)-(a\cos t-a\sin t)(a\cos t)}{(a\cos t)^2+(a\sin t)^2}\mathrm{d}t=-2\pi$.

11. 设 L_1 是从 $B(-1,0)$ 到 $A(1,0)$ 的直线段，则 $y=0$，$x:-1\to 1$，由格林公式

$$I+\int_{L_1}(1+y\mathrm{e}^x)\mathrm{d}x+(x+\mathrm{e}^x)\mathrm{d}y=\iint_D 1\mathrm{d}x\mathrm{d}y=\frac{4}{3}$$

又 $\int_{L_1}(1+y\mathrm{e}^x)\mathrm{d}x+(x+\mathrm{e}^x)\mathrm{d}y=\int_{L_1}(1+0\cdot\mathrm{e}^x)\mathrm{d}x+(x+\mathrm{e}^x)\cdot 0=\int_{-1}^1\mathrm{d}x=2$，

故 $I=\frac{4}{3}-\int_{L_1}(1+y\mathrm{e}^x)\mathrm{d}x+(x+\mathrm{e}^x)\mathrm{d}y=\frac{4}{3}-2=-\frac{2}{3}$.

12. Σ：$x^2+y^2+z^2=a^2$，D_{xy}：$x^2+y^2\leqslant a^2-h^2$，$\mathrm{d}S=\frac{a}{\sqrt{a^2-x^2-y^2}}\mathrm{d}x\mathrm{d}y$，

$\iint\limits_{\Sigma}(x+y+z)\mathrm{d}S=\iint\limits_{Dxy}(x+y+\sqrt{a^2-x^2-y^2})\frac{a}{\sqrt{a^2-x^2-y^2}}\mathrm{d}x\mathrm{d}y$

$=0+0+\iint_{D_{xy}}\sqrt{a^2-x^2-y^2}\,\frac{a}{\sqrt{a^2-x^2-y^2}}\mathrm{d}x\mathrm{d}y$

$=a\iint\limits_{Dxy}\mathrm{d}x\mathrm{d}y=\pi a(a^2-h^2)$.

13. 设$\Sigma_1:\begin{cases}x^2+y^2=1,\\ z=0.\end{cases}$下侧，则$\Sigma+\Sigma_1$构成闭曲面，于是：

$\oiint\limits_{\Sigma_1+\Sigma}=\iiint\limits_{\Omega}(2x+2y+2)\mathrm{d}v=\frac{2}{3}\pi$，而$\iint\limits_{\Sigma_1}=0$，$\therefore\iint\limits_{\Sigma}=\frac{2}{3}\pi$.

14. 设$\Sigma_1:z=0\quad(x^2+y^2\leqslant 4)$下侧，$\Omega:0\leqslant z\leqslant 2-\sqrt{x^2+y^2}$； $D:x^2+y^2\leqslant 4$

原式$=\oiint\limits_{\Sigma+\Sigma_1}-\iint\limits_{\Sigma_1}=\iiint\limits_{\Omega}(2x+1)\mathrm{d}x\mathrm{d}y\mathrm{d}z+\iint\limits_{D}0\mathrm{d}x\mathrm{d}y$

$=\int_0^{2\pi}\mathrm{d}\varphi\int_0^2\rho\mathrm{d}\rho\int_0^{2-\rho}(2\rho\cos\varphi+1)\mathrm{d}z=\frac{8\pi}{3}$.

15. 积分区域如图5所示，

$V=\iint\limits_{D}(6-2x-3y)\mathrm{d}\sigma=\int_0^1\mathrm{d}x\int_0^1(6-2x-3y)\mathrm{d}y$

$=\int_0^1\left(\frac{9}{2}-2x\right)\mathrm{d}x=\frac{7}{2}$.

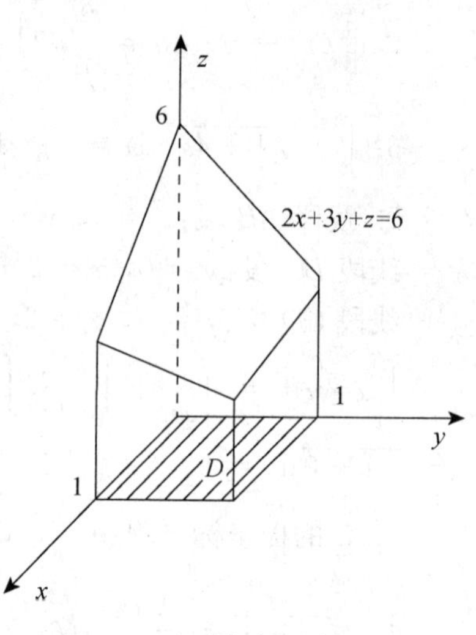

图5

第8章　无穷级数

习题8.1

8.1.1 1. $\frac{1}{1^1}+\frac{2!}{2^2}+\frac{3!}{3^3}+\frac{4!}{4^4}+\frac{5!}{5^5}$.　2. $(-1)^{n-1}\frac{n+1}{n}$.　3. 2.　4. $\frac{3}{2}$.　5. 发散;收敛;发散;收敛.

8.1.2 1. 发散.　2. 收敛.　3. 收敛.　4. 发散.　5. 发散.　6. 发散.

习题8.2

8.2.1. 1. 发散.　2. 收敛.　3. 收敛.　4. 发散.　5. 收敛.

8.2.2 1. 发散.　2. 收敛.　3. 收敛.　4. 发散.　5. 发散.　6. 收敛.

8.2.3 1. 条件收敛.　2. 绝对收敛.　3. 绝对收敛.　4. $p>1$时绝对收敛，$0<p\leqslant 1$时条件收敛.

8.2.4 1. 收敛.　2. 收敛.　3. 发散.　4. 发散.　5. 发散　6. 收敛.

习题8.3

8.3.1

8.3.1.1 1. $[-1,1]$.　2. $(-\infty,+\infty)$.　3. $R=0$ 级数只在 $x=0$ 处收敛.　4. $[-3,3)$.　5. $(-1,1]$.　6. $[4,6)$.

7. $(-1, 1)$.

8.3.1.2 1. $\frac{1}{(1-x)^2}$, $(-1<x<1)$. 2. $\frac{1}{2}\ln\frac{1+x}{1-x}$, $(-1<x<1)$. 3. $\frac{x}{(1-x)^2}$, $(-1<x<1)$. 4. $\frac{3x-x^2}{(1-x)^2}$, $(-1<x<1)$.

8.3.2

8.3.2.1 $f(0)+f'(0)x+\frac{f''(0)}{2!}x^2+\cdots+\frac{f^{(n)}(0)}{n!}x^n+\cdots$.

8.3.2.2 1. $e^x=1+x+\frac{x^2}{2!}+\cdots+\frac{x^n}{n!}+\cdots$, $x\in(-\infty,+\infty)$.

2. $\sin x=x-\frac{x^3}{3!}+\frac{x^5}{5!}-\frac{x^7}{7!}+\cdots+(-1)^n\frac{x^{2n+1}}{(2n+1)!}+\cdots$, $x\in(-\infty,+\infty)$.

3. $\frac{1}{1+x}=1-x+x^2-\cdots+(-1)^n x^n+\cdots$, $x\in(-1, 1)$.

8.3.2.3 1. $\sum\limits_{n=0}^{\infty}(-1)^n x^{2n}$, $x\in(-1, 1)$.

2. $\sum\limits_{n=0}^{\infty}\frac{x^{2n+1}}{(2n+1)!}$, $x\in(-\infty,+\infty)$.

3. $\frac{1}{2}+\frac{1}{2}\sum\limits_{n=0}^{\infty}(-1)^n\frac{x^{2n}}{(2n)!}$, $x\in(-\infty,+\infty)$

4. $\ln(1+x)=x-\frac{x^2}{2}+\frac{x^3}{3}-\cdots+(-1)^{n+1}\frac{x^n}{n}+\cdots$, $x\in(-1, 1]$.

5. $\sum\limits_{n=0}^{\infty}(-1)^n\frac{x^{2n+1}}{2n+1}$, $x\in[-1, 1]$.

6. $\sum\limits_{n=0}^{\infty}(-1)^n\frac{x^{2n+1}}{4^{n+1}}$, $x\in(-2, 2)$.

7. $\frac{1}{2}\sum\limits_{n=0}^{\infty}(-1)^n\left[\frac{1}{(2n)!}\left(x+\frac{\pi}{3}\right)^{2n}+\frac{\sqrt{3}}{(2n+1)!}\left(x+\frac{\pi}{3}\right)^{2n+1}\right]$, $(-\infty<x<+\infty)$.

8. $\frac{1}{3}\sum\limits_{n=0}^{n}(-1)^n\left(\frac{x-3}{3}\right)^n$, $(0<x<6)$.

习题 8.4

8.4.1

8.4.1.1 1. C. 2. D. 3. B

8.4.1.2 1. $f(x)=\pi^2+1+12\sum\limits_{n=1}^{\infty}\frac{(-1)^n}{n^2}\cos nx$, $(-\infty<x<+\infty)$.

2. $f(x)=\frac{\pi}{4}(a-b)+\sum\limits_{n=1}^{\infty}\left\{\frac{[1-(-1)^n](b-a)}{n^2\pi}\cos nx+\frac{(-1)^{n-1}(a+b)}{n}\sin nx\right\}$, $x\neq(2n+1)\pi, n=0, \pm1, \pm2, \cdots$.

3. $f(x)=\frac{\pi^2}{3}+\sum\limits_{n=1}^{\infty}(-1)^n\frac{4}{n^2}\cos nx$, $(-\infty,+\infty)$.

8.4.2

8.4.2.1 1. (1) $f(x)=\frac{11}{12}+\frac{1}{\pi^2}\sum_{n=1}^{\infty}\frac{(-1)^{n+1}}{n^2}\cos 2n\pi x$，$x\in(-\infty,+\infty)$；

(2) $f(x)=-\frac{1}{4}+\sum_{n=1}^{\infty}\left\{\left[\frac{1-(-1)^n}{n^2\pi^2}+\frac{2\sin\frac{n\pi}{2}}{n\pi}\right]\cos n\pi x+\frac{1-2\cos\frac{n\pi}{2}}{n\pi}\sin n\pi x\right\}$

$(x\neq 2k,\quad x\neq 2k+\frac{1}{2},\quad k=0,\pm1,\pm2,\cdots)$.

2. 正弦级数:$f(x)=\frac{8}{\pi}\sum_{n=1}^{\infty}\left\{\frac{(-1)^{n+1}}{n}+\frac{2[(-1)^n-1]}{n^3\pi^2}\right\}\sin\frac{n\pi x}{2}$，$x\in[0,2)$；

余弦级数：$=\frac{4}{3}+\frac{16}{\pi^2}\sum_{n=1}^{\infty}\frac{(-1)^n}{n^2}\cos\frac{n\pi x}{2}$，$x\in[0,2]$.

复习题八

一、选择题

1. C. 2. A. 3. D. 4. D. 5. B. 6. C

二、填空题

1. 必要，充分. 2. 1. 3. 收敛. 4. e^x，$e^{\frac{1}{2}}$.

三、解答题

1. (1) 因为$\lim\limits_{n\to\infty}\frac{\ln(1+\frac{1}{n^2})}{\frac{1}{n^2}}=\lim\limits_{n\to\infty}\ln(1+\frac{1}{n^2})^{n^2}=1$，而$\sum_{n=1}^{\infty}\frac{1}{n^2}$收敛，故由比较审敛法知，级数收敛；

(2) 一般项 $u_n=\frac{3^n n!}{n^n}$，因$\lim\limits_{n\to\infty}\frac{u_{n+1}}{u_n}=\lim\limits_{n\to\infty}\frac{3^{n+1}(n+1)!}{(n+1)^{n+1}}\cdot\frac{n^n}{3^n n!}=\lim\limits_{n\to\infty}\frac{3n^n}{(n+1)^n}=\lim\limits_{n\to\infty}\frac{3}{(1+\frac{1}{n})^n}=\frac{3}{e}>1$

所以级数$\sum_{n=1}^{\infty}\frac{3^n n!}{n^n}$发散；

(3) 因为$\lim\limits_{n\to\infty}(-1)^n\frac{n}{n+1}$不存在，故$\sum_{n=1}^{\infty}(-1)^n\frac{n}{n+1}$发散.

2. (1) $\sum_{n=1}^{\infty}\left|(-1)^{n-1}\frac{n}{3^{n-1}}\right|=\sum_{n=1}^{\infty}\frac{n}{3^{n-1}}$，因为$\lim\limits_{n\to\infty}\frac{u_{n+1}}{u_n}=\lim\limits_{n\to\infty}\frac{n+1}{3^n}\cdot\frac{3^{n-1}}{n}=\frac{1}{3}<1$

故级数$\sum_{n=1}^{\infty}\frac{n}{3^{n-1}}$收敛，即原级数$\sum_{n=1}^{\infty}(-1)^{n-1}\frac{n}{3^{n-1}}$为绝对收敛；

(2) 正项级数$\sum_{n=1}^{\infty}(\sqrt{n+1}-\sqrt{n})$的部分和函数为$S_n(x)$，$S_n(x)=(\sqrt{2}-1)+(\sqrt{3}-\sqrt{2})+\cdots+(\sqrt{n+1}-\sqrt{n})=\sqrt{n+1}-1$，$\lim\limits_{n\to\infty}S_n(x)=\lim\limits_{n\to\infty}(\sqrt{n+1}-1)=\infty$ 发散，而

$\sum_{n=1}^{\infty}(-1)^n(\sqrt{n+1}-\sqrt{n})$ 满足莱布尼兹条件为收敛，则该级数为条件收敛；

(3) 因 $\left|\frac{\sin nx}{n^3}\right|\leqslant\frac{1}{n^3}$，级数 $\sum_{n=0}^{\infty}\frac{1}{n^3}$ 收敛，故级数 $\sum_{n=0}^{\infty}\left|\frac{\sin nx}{n^3}\right|$ 收敛，从而级数 $\sum_{n=0}^{\infty}\frac{\sin nx}{n^3}$ 为绝对收敛.

3. (1) 由于 $\rho=\lim_{n\to\infty}\left|\frac{a_{n+1}}{a_n}\right|=\lim_{n\to\infty}\frac{n}{n+1}=1$，则原级数收敛半径为 $R=1$. 当 $x=1$ 时，原级数为 $\sum_{n=1}^{\infty}\frac{1}{n}$，此时级数发散；当 $x=-1$ 时，原级数为 $\sum_{n=1}^{\infty}\frac{(-1)^n}{n}$，此时级数收敛. 因此，原级数的收敛域为 $[-1, 1)$. $S(x)=\int_0^x S'(x)\mathrm{d}x=\int_0^x\frac{1}{1-x}\mathrm{d}x=-\ln(1-x)$，$x\in[-1, 1)$；

(2) 由于 $\rho=\lim_{n\to\infty}\left|\frac{a_{n+1}}{a_n}\right|=\lim_{n\to\infty}\frac{n+1}{2^{n+1}}\cdot\frac{2^n}{n}=\frac{1}{2}$，则原级数收敛半径为 $R=2$. 当 $x=2$ 时，原级数为 $\sum_{n=1}^{\infty}\frac{n}{2}$，此时级数发散；当 $x=-2$ 时，原级数为 $\sum_{n=1}^{\infty}(-1)^{n-1}\frac{n}{2}$，此时级数发散. 因此，原级数的收敛域为 $(-2, 2)$；

(3) 设幂级数的和函数为 $S(x)$，则

$$S(x)=\left(\int_0^x S(x)\mathrm{d}x\right)'=\left(\sum_{n=1}^{\infty}\frac{x^n}{2^n}\right)'=\left(\frac{x}{2-x}\right)'=\frac{2}{(2-x)^2}\ x\in(-2, 2)$$

则和函数为 $S(x)=\frac{2}{(2-x)^2}$，$x\in(-2, 2)$；

(4) 由于 $\rho=\lim_{n\to\infty}\left|\frac{x^{2n+3}}{2(n+1)}\cdot\frac{2n}{x^{2n+1}}\right|=x^2<1$，则当 $-1<x<1$ 时级数收敛. 当 $x=1$ 时，原级数为 $\sum_{n=1}^{\infty}\frac{1}{2n}$，此时级数发散；当 $x=-1$ 时，原级数为 $\sum_{n=1}^{\infty}\frac{-1}{2n}$，此时级数发散. 因此，原级数的收敛域为 $(-1, 1)$；

(5) 设幂级数的和函数为 $S(x)$，$g(x)=\frac{S(x)}{x}=\sum_{n=1}^{\infty}\frac{x^{2n}}{2n}$

$$g(x)=\int_0^x g'(x)\mathrm{d}x=\int_0^x\frac{x}{1-x^2}\mathrm{d}x=-\frac{1}{2}\ln(1-x^2)$$

$$S(x)=xg(x)=-\frac{x}{2}\ln(1-x^2),\ x\in(-1, 1)$$

即 $S(x)=-\frac{x}{2}\ln(1-x^2)$，$x\in(-1, 1)$.

4. (1) $3^x=\mathrm{e}^{x\ln 3}=\sum_{n=0}^{\infty}\frac{(x\ln 3)^n}{n!}=\sum_{n=0}^{\infty}\frac{(\ln 3)^n}{n!}x^n$，$x\in(-\infty, \infty)$；

(2) $\frac{x^2}{1+x^2}=1-\frac{1}{1+x^2}=1-\sum_{n=0}^{\infty}(-1)^n x^{2n}=-\sum_{n=1}^{\infty}(-1)^n x^{2n}$，$x\in(-1, 1)$；

(3) $$\frac{1}{(x-1)(x-2)}=\frac{1}{1-x}-\frac{1}{2-x}=\sum_{n=0}^{\infty}x^n-\frac{1}{2}\sum_{n=0}^{\infty}\left(\frac{x}{2}\right)^n$$

$$=\sum_{n=0}^{\infty}x^n-\frac{1}{2}\sum_{n=0}^{\infty}\frac{x^n}{2^n}=\sum_{n=0}^{\infty}\left(1-\frac{1}{2^{n+1}}\right)x^n,\ x\in(-1, 1).$$

四、计算题

若将函数进行奇延拓，则傅里叶系数为

$a_n = 0$,$(n = 0, 1, 2, \cdots)$,

$b_n = \dfrac{2}{\pi}\int_0^{\pi} f(x)\sin nx\,\mathrm{d}x = \dfrac{2}{\pi}\int_0^{h}\sin nx\,\mathrm{d}x = \dfrac{2(1-\cos nh)}{n\pi}$.

因此，函数展开成正弦级数为

$f(x) = \dfrac{2}{\pi}\sum_{n=1}^{\infty}\dfrac{1-\cos nh}{n}\sin nx$, $x \in [0, h) \cup (h, \pi]$,

当 $x = h$ 时，$f(h) = \dfrac{1}{2}$.

若将函数进行偶延拓，则傅里叶系数为

$a_0 = \dfrac{2}{\pi}\int_0^{\pi} f(x)\mathrm{d}x = \dfrac{2}{\pi}\int_0^{h}\mathrm{d}x = \dfrac{2h}{\pi}$,

$a_n = \dfrac{2}{\pi}\int_0^{\pi} f(x)\cos nx\,\mathrm{d}x = \dfrac{2}{\pi}\int_0^{h}\cos nx\,\mathrm{d}x = \dfrac{2\sin nh}{n\pi}(n = 1, 2, \cdots)$,

$b_n = 0$,$(n = 0, 1, 2, \cdots)$,

因此,函数展开成余弦级数为

$f(x) = \dfrac{h}{\pi} + \dfrac{2}{\pi}\sum_{n=1}^{\infty}\dfrac{\sin nh}{n}\cos nx$, $x \in [0, h) \cup (h, \pi]$

当 $x = h$ 时，$f(h) = \dfrac{1}{2}$.

模 拟 题 一

一、选择题

1. A. 2. C. 3. B. 4. D. 5. C. 6. A. 7. B. 8. B. 9. C. 10. B. 11. D. 12. B.

二、解答题

1. 解　设平面的法向量为 $\vec{n}$，则 $\vec{n} \perp (1, 1, 2)$ 且 $\vec{n} \perp (-1+1, 3-0, 0-4)$

所以 $\vec{n}$ 可以看作 $(1, 1, 2) \times (0, 3, -4) = (-10, 4, 3)$　(6分)

该平面方程是 $-10x + 4y + 3z - 22 = 0$.　(8分)

2. 解　$\dfrac{\partial z}{\partial x} = f(x^2 - y^2, \mathrm{e}^{xy}) + 2x^2 f_1 + xy\mathrm{e}^{xy} f_2$.　(4分)

$\dfrac{\partial z}{\partial y} = -2xyf_1 + x^2\mathrm{e}^{xy} f_2$.　(8分)

3. 解　如图6所示,以半圆形钢板的圆心为原点,直边为 x 轴建立坐标系,则矩形的两个顶点应落在半圆上,设第一象限的顶点坐标为 (x, y),则矩形的面积为 $A = 2xy$,且 $x^2 + y^2 = 36$,构造拉格朗日函数为 $L(x, y, \lambda) = 2xy + \lambda(x^2 + y^2 - 36)$　(4分)

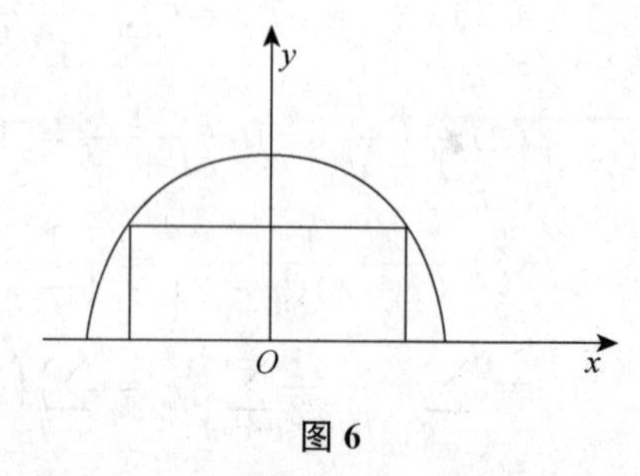

图 6

令$\begin{cases}L_x = 2y + 2\lambda x = 0, \\ L_y = 2x + 2\lambda y = 0, \\ L_\lambda = x^2 + y^2 - 36 = 0.\end{cases}$ 得 $x = y = 3\sqrt{2}$.

函数有唯一可能的极值点，函数的最大值就在该点处取得，也就是说，当矩形的长边与钢板直边重合，长度为 $6\sqrt{2}$，短边为 $3\sqrt{2}$ 时，面积最大.

4. **解** (1) 必须写出直线段 Γ 的方程：由于 $\vec{s} = \overrightarrow{AB} = (1,\ 1,\ -3)$，故

$\Gamma: x = 1 + t, y = 0 + t, z = 2 - 3t (0 \leqslant t \leqslant 1)$; (4 分)

(2) $\mathrm{d}s = \sqrt{(x')^2 + (y')^2 + (z')^2}\,\mathrm{d}t = \sqrt{1^2 + 1^2 + (-3)^2}\,\mathrm{d}t = \sqrt{11}\,\mathrm{d}t$

$\int_\Gamma z\,\mathrm{d}s = \int_0^1 (2 - 3t)\sqrt{11}\,\mathrm{d}t = \dfrac{\sqrt{11}}{2}$. (8 分)

5. **解** 令 $P = y\sin xy - y,\ Q = x\sin xy$,

由格林公式知 $I = \oint (y\sin xy - y)\mathrm{d}x + x\sin xy\,\mathrm{d}y = \iint_D (\dfrac{\partial Q}{\partial x} - \dfrac{\partial p}{\partial y})\mathrm{d}x\mathrm{d}y$

$= \iint_D [(\sin xy + xy\cos xy) - (\sin xy + xy\cos xy - 1)]\mathrm{d}x\mathrm{d}y$ (6 分)

$= \iint_D \mathrm{d}x\mathrm{d}y = \dfrac{\pi}{4} - \dfrac{1}{2}$. (8 分)

6. **解** (1) 抛物面 $z = x^2 + y^2$ 和圆锥面 $z = 2 - \sqrt{x^2 + y^2}$ 所围立体在 xOy 面上的投影是 $D: \{(x,\ y) \mid x^2 + y^2 \leqslant 1\}$; (2 分)

(2) 该立体的体积用二重积分表示为 $V = \iint_D [(2 - \sqrt{x^2 + y^2}) - (x^2 + y^2)]\mathrm{d}x\mathrm{d}y$;

(4 分)

(3) 转化为极坐标系下的二次积分：

$$V = \int_0^{2\pi} \mathrm{d}\theta \int_0^1 (2 - \rho - \rho^2)\rho\,\mathrm{d}\rho; \quad (6\text{ 分})$$

(4) 计算得 $V = \dfrac{5}{6}\pi$. (8 分)

7. **解** 因 $P = (y - z)x, Q = 0, R = x - y$，则 $\dfrac{\partial p}{\partial x} = y - z, \dfrac{\partial Q}{\partial y} = 0, \dfrac{\partial R}{\partial z} = 0$,

$\oiint_\Sigma (x - y)\mathrm{d}x\mathrm{d}y + (y - z)x\mathrm{d}y\mathrm{d}z = \iiint_\Omega (y - z)\mathrm{d}x\mathrm{d}y\mathrm{d}z$ (4 分)

$= \int_0^1 \mathrm{d}x \int_0^2 \mathrm{d}y \int_0^3 (y - z)\mathrm{d}z$ (6 分)

$= \int_0^1 \mathrm{d}x \int_0^2 \left(yz - \dfrac{z^2}{2}\right)\Big|_0^3 \mathrm{d}y = \int_0^1 \mathrm{d}x \int_0^2 (3y - \dfrac{9}{2})\mathrm{d}y = \int_0^1 (\dfrac{3y^2}{2} - \dfrac{9}{2}y)\Big|_0^2 \mathrm{d}x = -3$. (8 分)

8. **解** (1) 令 $a_n = \dfrac{(-1)^{n-1}}{n}$，则收敛半径 $r = \lim\limits_{n\to\infty}\left|\dfrac{a_{n+1}}{a_n}\right| = 1$，当 $x = 1$ 时为交错级数，收敛，$x = -1$ 时发散，故收敛域为 $(-1,\ 1]$; (4 分)

(2) 令 $s(x) = \sum\limits_{n=1}^{\infty} \dfrac{(-1)^{n-1}}{n}x^n$，则 $s'(x) = \sum\limits_{n=1}^{\infty} \dfrac{(-1)^{n-1}}{n}nx^{n-1} = \sum\limits_{n=1}^{\infty}(-x)^{n-1} = \dfrac{1}{1+x}$

积分得 $s(x) = \ln(1 + x), x \in (-1,\ 1]$. (8 分)

模拟题二

一、填空题

1. $x^2+z^2=5y$. 2. 平行. 3. $\sqrt{17}$. 4. $\sqrt{2}$. 5. $-\frac{\pi}{8}$.

二、选择题

1. B. 2. C. 3. A. 4. B. 5. C. 6. C. 7. D.

三、计算题

1. **解** $\frac{\partial z}{\partial x}=\frac{\partial z}{\partial u}\frac{\partial u}{\partial x}+\frac{\partial z}{\partial v}\frac{\partial v}{\partial x}$ (3分)

$=2u\ln v\cdot\frac{1}{y}+\frac{3u^2}{v}$ (7分)

$=\frac{2x\ln(3x-2y)}{y^2}+\frac{3x^2}{(3x+2y)y^2}$. (8分)

2. **解** 由$\begin{cases}z_x=6x^2-6=0,\\ z_y=2y=0.\end{cases}$得驻点$(1,0)$，$(-1,0)$ (2分)

对于驻点$(1,0)$，$A=z_{xx}(1,0)=12x|_{(1,0)}=12$ $B=z_{xy}(1,0)=0$ $C=z_{yy}(1,0)=2$ $AC-B^2>0$ $A>0$ 函数在$(1,0)$点取得极小值$z_{\min}(1,0)=-4$ (6分)

对于驻点$(-1,0)$，$A=z_{xx}(-1,0)=12x|_{(-1,0)}=-12$ $B=z_{xy}(-1,0)=0$ $C=z_{yy}(-1,0)=2$ $AC-B^2<0$ 故$(-1,0)$非极值点. (8分)

3. **解** $I=\int_0^{2\pi}d\theta\int_0^2 e^{\rho^2}\rho d\rho$ (4分)

$=\frac{1}{2}\int_0^{2\pi}d\theta\int_0^2 e^{\rho^2}d\rho^2$ (6分)

$=\frac{1}{2}(e^4-1)\int_0^{2\pi}d\theta=(e^4-1)\pi$. (8分)

4. **解** (1) 抛物面$z=6-x^2-y^2$和圆锥面$z=\sqrt{x^2+y^2}$所围区域在xOy面上的投影是D:$\{(x,y)\mid x^2+y^2\leqslant 4\}$; (2分)

(2) 该立体的体积用重积分表示为$V=\iint[(6-x^2-y^2)-\sqrt{x^2+y^2}]dxdy$; (4分)

(3) 转化为极坐标系下的二次积分:

$V=\int_0^{2\pi}d\theta\int_0^2(6-\rho-\rho^2)\rho d\rho$; (6分)

(4) 计算得$V=\frac{32}{3}\pi$. (8分)

5. **解** 令$P=x^2-y$，$Q=-x-\sin^2 y$，如图7所示，令l:$y=0$，$0\leqslant x\leqslant 2$，(2分)

由格林公式知$I=\oint_{L+l}(x^2-y)dx-(x+\sin^2 y)dy$

$$=\iint_D \frac{\partial Q}{\partial x}-\frac{\partial P}{\partial y}\mathrm{d}x\mathrm{d}y=0 \qquad (5\text{ 分})$$

又 $I=\int_l (x^2-y)\mathrm{d}x-(x+\sin^2 y)\mathrm{d}y=\int_0^2 x^2\mathrm{d}x=\frac{8}{3}$，(7 分)

所以 $I=\int_L (x^2-y)\mathrm{d}x-(x+\sin^2 y)\mathrm{d}x=-\frac{8}{3}$. (8 分)

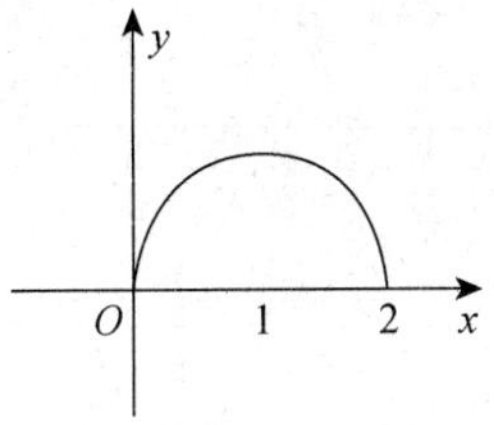

图 7

6. **解** 由于 $P=y,\ Q=xy,\ R=x,\ \frac{\partial P}{\partial x}=0,\ \frac{\partial Q}{\partial y}=x,\ \frac{\partial R}{\partial z}=0$，积分区域如图 8 所示，故原式 $=\iiint_\Sigma\left(\frac{\partial P}{\partial x}+\frac{\partial Q}{\partial y}+\frac{\partial R}{\partial z}\right)\mathrm{d}v=$

$\iiint_\Sigma x\,\mathrm{d}v=\int_0^1\mathrm{d}x\int_0^{1-x}\mathrm{d}y\int_0^{1-x-y}x\mathrm{d}z$ (5 分)

$$=\int_0^1 x\mathrm{d}x\int_0^{1-x}(1-x-y)\mathrm{d}y=\int_0^1 x\left[(1-x)^2-\frac{(1-x)^2}{2}\right]\mathrm{d}x$$

$$=\frac{1}{2}\int_0^1 x(1-x)^2\mathrm{d}x=\frac{1}{24}. \qquad (8\text{ 分})$$

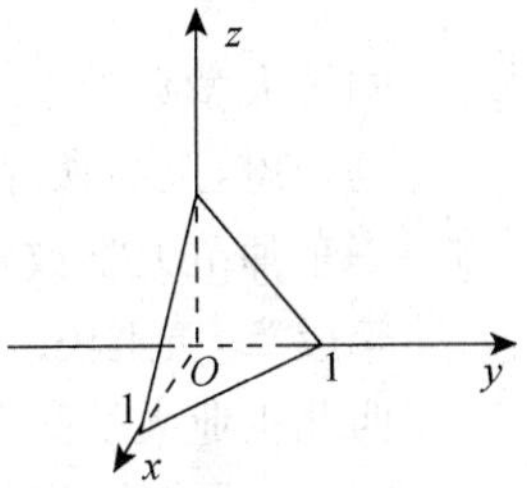

图 8

7. **解** 用比值判别法 $\lim\limits_{n\to\infty}\frac{u_{u+1}}{u_n}=\lim\limits_{n\to\infty}\frac{3^{n+1}(n+1)!n^n}{(n+1)^{n+1}3^n n!}=\lim\limits_{n\to\infty}\frac{3}{\left(1+\frac{1}{n}\right)^n}=\frac{3}{\mathrm{e}}>1$，发散.

(8 分)

8. **解** (1) $\lim\limits_{n\to\infty}\left|\frac{a_{n+1}}{a_n}\right|=\lim\limits_{n\to\infty}\frac{n+2}{n+1}=1$，$x=\pm 1$ 时级数发散，故收敛域为 $(-1,1)$；

(4 分)

(2) 令 $s(x)=\sum\limits_{n=0}^{\infty}(n+1)x^n$，则 $\int_0^x s(x)\mathrm{d}x=\sum\limits_{n=0}^{\infty}\int_0^x(n+1)x^n\mathrm{d}x=\sum\limits_{n=0}^{\infty}x^{n+1}=\frac{x}{1-x}$，

所以 $s(x)=\left(\frac{x}{1-x}\right)'=\frac{1}{(1-x)^2}$，$(-1,1)$. (8 分)

参 考 文 献

[1] 同济大学数学系.高等数学[M].6 版.北京:高等教育出版社,2007.
[2] 马知恩,王绵森.高等数学简明教程[M]. 北京:高等教育出版社,2009.
[3] 华东师范大学数学系.数学分析[M].3 版.北京:高等教育出版社,2001.
[4] 李成章,黄玉民. 数学分析[M]. 2 版.北京:科学出版社,2007.
[5] 西北工业大学高等数学教材编写组. 高等数学[M].北京:科学出版社,2005.
[6] 李忠,周建莹.高等数学[M]. 北京:北京大学出版社,2004.
[7] 刘金林.高等数学[M]. 北京:机械工业出版社,2009.
[8] 赵树嫄.微积分[M]. 修订版.北京:中国人民大学出版社,1988.
[9] 蒋国强,蔡蕃.高等数学[M]. 北京:机械工业出版社,2011.
[10] 盛耀祥.高等数学[M].4 版.北京:高等教育出版社,2009.
[11] 韩慧蓉,岳忠玉.高等数学同步作业与训练[M].上海:同济大学出版社,2015.